国家出版基金项目
NATIONAL PUBLICATION FOUNDATION

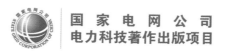

国家电网公司
电力科技著作出版项目

地震及次生灾害
电网防控关键技术

刘勇　蔡炜　韩晓言　谢强　著

中国电力出版社
CHINA ELECTRIC POWER PRESS

内 容 提 要

著者在大量工程案例、科研项目的基础上，详细总结了地震及次生灾害区域的电网工程规划设计、灾害监测与预警、灾害风险评估、设备抗震减震设计等方面最新成果，编写了《地震及次生灾害电网防控关键技术》。

本专著共分为 5 章，分别是概述、地震断裂带输变电工程建设风险评价、地震及次生灾害电网监测与预警、输变电设备抗震减震防控技术、大地震灾害电网应急抢险。本专著介绍的方法、技术、装置和标准适用于整个电力系统。

本专著可为从事脆弱地质地区输变电工程设计、运行维护等专业的科研与生产人员提供参考，也可以作为高等院校相关专业教职人员、研究人员的参考资料，还可供交通和石油管线输送等行业科研生产人员参考。

图书在版编目（CIP）数据

地震及次生灾害电网防控关键技术/刘勇等著. —北京：中国电力出版社，2018.12
ISBN 978-7-5198-2832-5

Ⅰ．①地… Ⅱ．①刘… Ⅲ．①电网–地震灾害–灾害防治 Ⅳ．①TM727

中国版本图书馆 CIP 数据核字（2018）第 298173 号

审图号：GS（2018）6502 号

出版发行：中国电力出版社
地　　址：北京市东城区北京站西街 19 号（邮政编码 100005）
网　　址：http://www.cepp.sgcc.com.cn
责任编辑：罗　艳（010-63412315）　高　芬
责任校对：黄　蓓　郝军燕
装帧设计：张俊霞
责任印制：石　雷

印　　刷：北京盛通印刷股份有限公司
版　　次：2018 年 12 月第一版
印　　次：2018 年 12 月北京第一次印刷
开　　本：710 毫米×980 毫米　16 开本
印　　张：16.25
字　　数：282 千字
印　　数：0001—2000 册
定　　价：128.00 元

序

　　全球范围内地震及次生灾害分布广泛，这些灾害带来的经济损失难以估算。我国地处欧亚板块的东南部，受环太平洋地震带和欧亚地震带的影响，是个多地震的国家。据统计，我国大陆 7 级以上的地震占全球大陆 7 级以上地震的 1/3；我国有 41%的国土、一半以上的城市位于地震基本烈度Ⅶ度或Ⅶ度以上地区，Ⅵ度及以上地区占国土面积的 79%。我国地震活动较为强烈的地区包括青藏高原、云贵川等区域，华北太行山和京津唐地区，新疆、甘肃和宁夏以及福建和广东沿海等。这些区域是我国的能源基地和负荷中心，这些频繁发生的地震及次生灾害严重影响了我国电网的电力建设和安全运行。随着中国电力建设的迅猛发展，西南水电开发、藏区能源开发、川藏联网、西北—西南联网等工程陆续上马，大地震断裂带输变电工程越来越多，随之而来的地震及次生灾害给电网带来的损害屡见不鲜，如四川汶川 8.0 级地震、四川芦山 7.0 级地震、7·3四川茂县棉簇沟特大泥石流和青海玉树 7.1 级地震等。

　　这些灾害引发了输电设施大面积破坏、变电站地质沉降或者核电站的核泄漏等问题，这些灾害带来的经济损失难以估算。国内外学者历来对电网地震及次生灾害的影响十分重视，在灾害监测、设备防护等方面开展了大量工作，取得了一定的成效。

　　在我国"一带一路"建设实施和以"全球能源互联网"为目标的智能电网战略规划背景下，面向超特高压等重要的输电走廊，针对地震及次生灾害，提升电网应对灾害的能力，是一项重要而又艰巨的任务。自 2004 年来，国网四川省电力公司电力科学研究院联合国网电力科学研究院武汉南瑞有限责任公司、同济大学土木工程防灾国家重点实验室等科研单位，以四川汶川 8.0 级地震以来灾害导致的电网破坏为背景，深入开展了地震及次生灾害下电网输变电设备设施灾害防控研究工作。在大量工程案例、科研项目的基础上，刘勇教授级高级工程师、蔡炜研究员、韩晓言教授级高级工程师和谢强教授合著《地震及次生灾害电网防控关键技术》，首次详细总结地震及次生灾害区域的电网工程规划设计、灾害监测与预警、灾害风险评估和设备抗震减震设计等方面最新成果。

　　同时，在专著形成过程中，得到了成都理工大学地质灾害防治与地质环境保护国家重点实验室、中国科学院水利部成都山地灾害与环境研究所、日本东京大学和加拿大魁北克水电研究院等国内外顶尖科研机构的支持。本专著从我国地震及次生灾害时空分布出发，详细介绍了输变电工程规划设计与施工、地震次生灾害电网监测与预警、地质灾害电网监测与预警、输变电设备抗震减灾以及重大地震及次生灾害电网快速应急处置等方面的最新成果，可为从事强震区域输变电工程设计、运行维护等专业的科研与生产人员提供参考，也可以作为相关专业教职人员、研究人员的参考资料。

中国科学院院士
国务院学位委员会电气工程学科评议组成员
2018 年 11 月

前言

　　全球范围内地震及次生灾害分布广泛，这些灾害带来的经济损失难以估算。国际上有关地震灾害引发电网损伤的案例众多，如 2011 年 3 月 11 日东日本 9.0 级地震、2014 年 8 月 24 日美国旧金山 6.0 级地震、2015 年 4 月 25 日尼泊尔 8.1 级地震、2014 年 4 月 2 日智利西北海域 8.0 级地震，这些灾害引发了输电线路基础设施大面积破坏、变电站地质沉降或者核电站的核泄漏等问题。地震及次生灾害频繁发生，严重影响电网的安全稳定运行，脆弱地质环境地区电网建设和运行维护急需相关专业技术支撑电网发展。国内外相关研究人员历来对地震及次生灾害对电网的影响十分重视，在灾害监测、设备防护等方面开展了大量工作，取得了一定的成效。本专著旨在论述电网应对地震及次生灾害的实用性技术，总结防控方法与知识，为相关专业人员提供重要参考。

　　四川属于青藏高原过渡带，地形复杂，以山地和丘陵地形为主，是山洪、泥石流、滑坡等地质灾害多发省份。地质灾害不仅给电网带来巨大的经济损失，而且给输电安全带来严重威胁，是造成电网事故的主要原因之一。为此，国网四川省电力公司电力科学研究院、国网电力科学研究院武汉南瑞有限责任公司和同济大学土木工程防灾国家重点实验室深度联合，历时十余载，总结了四川汶川 8.0 级地震、四川芦山 7.0 级地震等多次罕遇地震电网受损的经验教训，并依托《输电通道滑坡泥石流监测及预警技术研究》《震灾后电网次生灾害监测预警及抢险救援技术研究》等系列科研攻关项目的成果，深度剖析了大规模电网结构工程在地震作用下的易损性规律，阐述了致灾因子识别、先兆信息获取、灾害早期预警的关键技术方法，总结了多源数据融合的灾害监测预警、应急指挥决策和快速恢复供电的灾变应对体系。

　　为此，针对地震及次生灾害电网防控，刘勇教授级高级工程师、蔡炜研究员、韩晓言教授级高级工程师和谢强教授合著《地震及次生灾害电网防控关键技术》，在大量工程案例、科研项目的基础上，首次详细总结地震及次生灾害区域的电网工程规划设计、灾害监测与预警、灾害风险评估、设备抗震减震设计等方面最新成果。本专著由曹永兴教授级高级工程师和邓鹤鸣教授级高级工程师审稿和校核。

本专著共分为 5 章，第 1 章为概述，介绍了我国电网地理主要特征、地震及次生灾害分布以及地震及次生灾害防控技术现状，由刘勇、龚浩执笔；第 2 章详细介绍了地震断裂带输变电工程建设风险评价，包括地质调查、风险评价及规划建设支撑技术等内容，由蔡炜、韩晓言、吴驰和柯睿执笔；第 3 章为地震及次生灾害电网监测与预警，介绍了基于 INSAR 的灾害测量、无人机载雷达灾害巡检、地质灾害光纤传感监测、灾害监测与预警体系等多种前沿技术，由韩晓言、蔡炜、范鹏和薛志航执笔；第 4 章论述了输变电设备抗震减震防控技术，包括变电站及换流站主设备数值计算、地震模拟振动台试验、变电设备隔震或减震分析以及抗震设防标准对比，由谢强、程鹏、卜祥航和刘凤莲执笔；第 5 章为大地震灾害电网应急抢险，包括设备设施受损分析、震后设备快速普查与修复、灾害现场快速勘察、应急抢险指挥决策和抢险救援现场支撑装备，由刘勇、邓创、朱军和李炼炼执笔。

地质灾害防治与地质环境保护国家重点实验室唐川教授对本专著地质灾害风险评价部分提出了宝贵建议，中国电力科学研究院邬雄教授级高级工程师、国网电力科学研究院张广洲研究员和华中科技大学孙海顺教授对本专著灾害监测与预警部分提出了宝贵建议，在此一并表示感谢。

本专著介绍的方法、技术、装置和标准适用于整个电力系统，可为从事脆弱地质地区输变电工程设计、运行维护等专业的科研与生产人员提供参考，也可以作为高等院校相关专业教职人员、研究人员的参考资料，还可供交通和石油管线输送等行业科研生产人员参考。

限于水平和经验，书中难免有缺点或错误，敬请读者批评指正。

著者

2018 年 9 月

目 录

概　　述

1.1　我国电网地理主要特征

　　我国地处欧亚板块的东南部，受环太平洋地震带和欧亚地震带的影响，是个多地震的国家。据统计，我国大陆 7 级以上的地震占全球大陆 7 级以上地震的 1/3，因地震死亡人数占全球的 1/2；我国有 41% 的国土、一半以上的城市位于地震基本烈度Ⅶ度或Ⅶ度以上地区，Ⅵ度及Ⅵ度以上地区占国土面积的 79%。我国几个地震活动较为强烈的地区是青藏高原和云南、四川西部，华北太行山和京津唐地区，新疆及甘肃、宁夏，福建和广东沿海，台湾地区等。

　　随着我国经济的快速发展和人们日常生活水平的不断提高，对电力的需求和依赖越来越大。根据规划，到 2020 年，国家电网有限公司将建成"五纵五横"特高压交流网架和 27 项特高压直流输电工程，具备 4.5 亿 kW 电能大范围配置能力，满足输送 5.5 亿 kW 清洁能源的需求，每年可消纳清洁能源 1 万亿 kWh，替代原煤 7 亿 t，减排二氧化碳 14 亿 t、二氧化硫 390 万 t。我国电力流总体格局如图 1–1 所示。

　　虽然电网建设在初期勘察、设计和后期施工中一般考虑避开地质灾害影响区域，但是随着电网建设向边远山区发展，后续的部分输电线路或者变电站由于输电通道原因，被迫穿越地质条件恶劣的区域（如我国西南地区水电输出通道）；再者随着沿线人类工程的扰动和自然环境突发事件的增多，电网地质灾害已无可避免地呈多发态势。我国近 10 年发生的四川汶川 8.0 级地震、青海玉树 7.1 级地震以及四川芦山 7.0 级地震均给电力设施造成了严重破坏，并造成了停电、停水、停产、通信障碍、救援困难等二次损失，特别是四川汶川 8.0 级地震，是全球近 30 年来对现代电网破坏最严重的一次，同时，四川汶川 8.0 级地

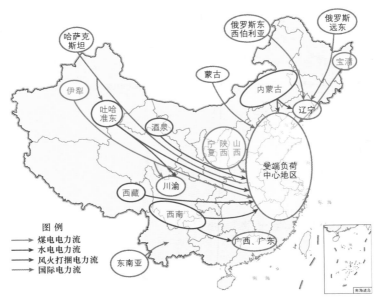

图 1-1 我国电力流总体格局

震及次生灾害也对国民经济造成了严重破坏。汶川、茂县、北川、彭州是地震重灾区，在暴雨等致灾因子的作用下，滑坡和泥石流广泛发育，地裂缝、地面塌陷、道路滑塌在震后也大量出现。地震使地质构造发生变化，岩层破裂，在暴雨的诱发下，溶蚀作用增强，引发塌陷。四川汶川 8.0 级地震后发现震区地质灾害隐患点 4929 处，其中，特大型隐患点 158 处、大型隐患点 1271 处、中型隐患点 1817 处，严重威胁着 94 万多人的安全。

因此，在国家"一带一路"建设实施和以"全球能源互联网"为目标的智能电网战略规划背景下，面向超、特高压等重要的输电走廊，针对地震及次生灾害大规模电网开展灾害风险评价、监测及预警、抗震减震设防以及灾后抢险救援的研究，用技术的手段提升电网应对灾害的能力，是非常重要和必要的。

1.2 我国电网地震及次生灾害分布

1.2.1 地震及次生灾害类型

我国从 20 世纪 30 年代开始进行地震区划工作。新中国建立以来，曾三次（1956 年、1977 年、1990 年）编制全国性的地震烈度区划图。现行的 1:400 万中国地震烈度区划图（1990 年，见图 1-2）的编制采用当前国际上通用的地震危险性分析的综合概率法，并做了重要的改进。1992 年 5 月，经国务院批准由国家地震局和建设部联合颁布使用。

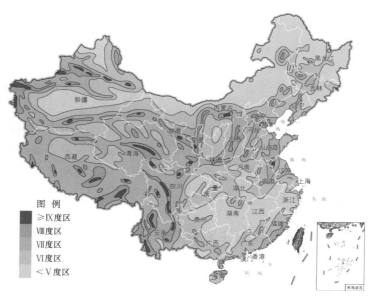

图 1-2　中国地震烈度区划图

　　中国地震烈度区划图是根据国家抗震设防需要和当前的科学技术水平，按照长时期内各地可能遭受的地震危险程度对国土进行划分，以图件的形式展示地区间潜在地震危险性的差异。因此，此图可以作为中小工程（不包括大型工程）和民用建筑的抗震设防依据、国家经济建设和国土利用规划的基础资料，同时也是制定减轻和防御地震灾害对策的依据。

　　我国地震的次生灾害类型主要包括滑坡、崩塌、泥石流、地裂缝、地面塌陷和地面沉降六种。对《全国地质灾害通报》公布的地质灾害数据统计发现：我国地质灾害发育数量最多的是滑坡，占比高达 72.6%；崩塌灾害次之，占比达 20.0%；其他依次为泥石流、地裂缝、地面塌陷和地面沉降。

　　1.2.2　灾害时间分布特征

　　根据《全国地质灾害通报》显示，在 2004 年以来的记录中，2006 年和 2010 年是地质灾害高发育年份，滑坡及地面崩塌灾害的年度发育规律与地质灾害总量的发育规律基本相符；2008 年是地裂缝高发育年份，但 2008 年后的四年内呈现出总体衰减趋势；泥石流在 2010 年出现高发态势；地面塌陷在发育数量上的年际差异性不大；地面沉降是发育数量最少的地质灾害类型，2005年后年度发育数量逐年提升，直至2008年发育数量达到历史峰值，后续年度发育数量相对较低。

统计发现，重大地质灾害在月度发育上存在明显的规律性，6～9月为重大地质灾害高发月份，尤以7月最为显著。

1.2.3 灾害空间分布特征

依据地形地貌、岩土体类型及性质、地质构造以及地下水特征与开采状况等地质灾害形成的地质环境条件和人为活动因素，把全国地质灾害易发区分成高、中、低三级。滑坡、崩塌、泥石流和地面塌陷地质灾害高、中易发区，主要分布在川东渝南鄂西湘西山地、青藏高原东缘、云贵高原、秦巴山地、黄土高原、汾渭盆地周缘、东南丘陵山地、新疆伊犁、燕山等地区。高易发区面积121万km²，中易发区面积273万km²，低易发区面积318.2万km²。

1.3 我国电网地震及次生灾害防控技术现状

人工巡查和群测群防相结合的技术手段，应用于突发地震及次生灾害的预警预报及输电线路勘察设计、监测运维和处置治理等不同阶段。

1.3.1 勘察设计阶段

勘察设计阶段主要包括地质调查和数字化选线，主要技术为遥感技术和地理信息系统。

遥感技术具有时效性好、宏观性强、信息量丰富和非接触等特点，以及探测范围大、获取资料速度快、周期短和受地面条件限制少等诸多优势，因此，在地质灾害预警、灾情监控和灾后评估等方面提供了高效有力的工具，发挥了重要的作用。目前，遥感技术在电力系统的应用，主要有输电线路工程勘测、变电站选址，在输电通道地质灾害监测预警方面有一定的研究成果，但是尚未进行业务化应用。

遥感技术结合可视化和虚拟现实技术，为研究制作具有高度真实感的可量测的地形三维立体模型，实现三维可视化工程设计提供了可能。在遥感技术与三维可视化技术的基础上进行输电线路的勘察设计，使大量工作在室内完成，大量减少野外工作量和工作时间，有效地缩短设计工期，节约人力和财力，推动电网建设的高速发展。

1.3.2 监测运维阶段

（1）地面测量与传感监测。利用激光测距仪、全站仪、全球定位系统（Global Position System，GPS）等进行光学变形监测，确定灾害变化幅度；或利用测距、测斜、断线检测、水准等设备监测地表裂缝、滑体位置、泥石流对沟道的冲击、岩溶等造成的地表沉降等现象，监测地质灾害的变化。

（2）地质体内部传感监测。利用埋置于地质体内部的倾斜计、应力计等监测地质体内部变形或应力的变化，从而获取地质体内部的发展状态。

（3）降雨、地下水等辅助监测。由于地质灾害通常与水有关，故对于降雨、地下水等的监测，可以间接了解地质体是否具备发生地质灾害的条件，一定条件下达到预警的目的。

（4）其他新型监测技术。包括无人机巡查、激光雷达、合成孔径雷达、地质灾害光纤传感监测技术等。

1.3.3 处置治理阶段

（1）灾后现场试验。灾情发生后，在受地震灾害损坏的变电站内，试验工作人员展开现场试验，用以检验设备的完好性，现场试验包括受损变压器的绕组变形试验、直流电阻和绝缘电阻试验、油化试验、变电站地网接地电阻试验、一次设备接地引下线导通测试试验、互感器介质损耗及电容量测试试验、开关特性试验、避雷器试验、支柱超声波探伤、红外测温、紫外电晕检测等。

（2）输变电设备抗震减震防控。开展输电杆塔、变电站等输变电设备抗震减震性能研究及试验，提升输变电设备抗震减震能力。

（3）应急抢险。主要包括电网备用调度、震后设备快速普查与修复、灾害现场快速勘察、应急抢险指挥决策、各类抢险救援现场支撑装备等。

2008 年四川汶川 8.0 级地震灾害对电网造成了巨大破坏，而随着电网建设规模的扩大，提升电网抗震防震能力的需求也更加迫切。总体而言，我国在地震及次生灾害电网主动防护技术领域仍处于起步阶段，迫切需要开展地震及次生灾害电网建设运行风险评价、灾害监测预警、设备抗震减震、灾后应急救援等综合防灾减灾技术体系的研究，提高应急抢险综合实力，为我国在极端地质灾害电网防护技术领域的研究、应用和创新发挥引领作用。

2

地震断裂带输变电工程建设风险评价

2.1 电网地震及次生灾害时空分布

2.1.1 全国地质灾害时空分布特征

1. 全国地质灾害的主要类型

按照中国《地质灾害防治条例》（国务院令第 394 号），我国地质灾害包括由自然因素或者人类活动所引发的滑坡、崩塌、泥石流、地裂缝、地面塌陷和地面沉降等与地质作用相关的六种灾害类型。全国地质灾害类型及发育数量占比情况如图 2-1 所示。

2. 全国地质灾害的地理分布特征

我国山地丘陵区约占国土面积的 65%，地质条件复杂，构造活动频繁，滑坡、崩塌、泥石流、地裂缝、地面塌陷、地面沉降等灾害隐患多、分布广、防范难度大，是世界上地质灾害最严重、受威胁人口最多的国家之一。截至 2015 年底，全国有地质灾害隐患点 288 525 处，其中崩塌 67 478 处，滑坡

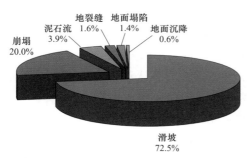

图 2-1 全国地质灾害类型及
发育数量占比情况

148 214 处，泥石流 31 687 处，其他地质灾害合计 41 146 处（见图 2-2），共威胁 1891 万人和 4431 亿元财产的安全（根据《全国地质灾害防治"十三五"规划》统计）。我国地形地貌地质条件复杂，极端天气气候事件频发，东南、华南沿海极易遭受强台风袭击，降水在时间、空间上分布极不均匀，高强度地震活动频繁，各类工程活动对地质环境影响增大。未来多年内，地质灾害仍将呈高

发、频发态势，地质灾害防治工作面临的形势依然严峻。

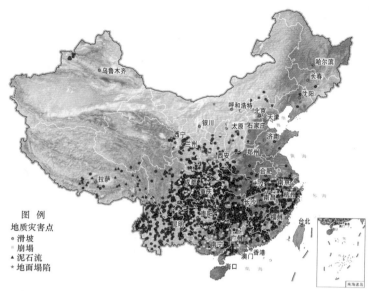

图 2-2　全国地质灾害分布图（根据 2005~2014 年《全国地质灾害通报》编制）

图 2-3 为我国 31 个省（自治区、直辖市）地质灾害发育的区域分布情况示意图，从地质灾害的发育数量可知，湖南省、四川省和辽宁省属于地质灾害高

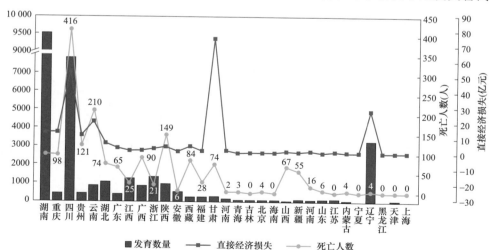

图 2-3　我国 31 个省（自治区、直辖市）地质灾害发育的区域分布情况（2005~2014 年）

发省份，其中，前两个省份的发育数量远超其他省级区域的发育数量总和，可见地质灾害的群发特性非常明显；因灾死亡人数方面，四川、云南和陕西3个省份死亡人数最多，四川省高达400余人次，其他因灾死亡较多的省份依次为贵州、广西、西藏、甘肃、山西和新疆，上述省份的死亡人数均高于50人；因灾造成的直接经济损失方面，相对较高的省级区域依次为甘肃、四川、辽宁、湖南、重庆和贵州，其他省级区域相对于上述6省普遍较低；灾害发育总量和直接经济损失及人员伤亡并不存在正相关的关系。由此可见，各省地质灾害危险性和易损性具有较大差异，仅靠单项指标并不能判断各省的地质灾害风险强度。从图2-3可以直观看出，四川省、甘肃省和湖南省的地质灾害损失程度指标普遍较高，应在上述区域着重加强相应地质灾害防治工作。

3. 全国地质灾害的时间分布特征

图2-4为2004～2015年全国各类地质灾害数量年度变化情况。其中，2006年和2010年是地质灾害高发育年份，发育数量显著高于其他年份，高发育年份过后地质灾害总量在一定时间内呈现递减趋势；滑坡及崩塌灾害的年度发育规律与地质灾害总量的发育规律基本相符，前者与灾害总量的发育规律一致性较强，但后者一致性略差；2008年是地裂缝高发育年份，发育总量超过了近10年其他年份的总和，总数量达到将近3000起，其他年份的发育数量变化规律不明显，但2008年后的4年内呈现出总体衰减趋势；泥石流在2010年出现高

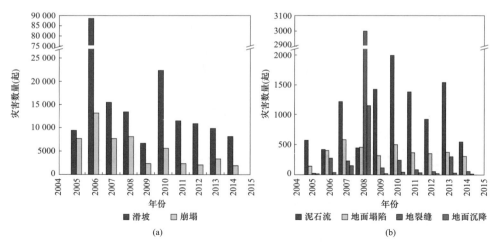

(a)   (b)

图2-4 全国各类地质灾害数量年度变化情况
（根据2005～2014年《全国地质灾害通报》编制）
（a）滑坡和崩塌数量；（b）其他地质灾害数量

发态势，时间上与滑坡灾害较为同步，原因在于滑坡为泥石流的发育提供了物质基础，而当年频发的极端降雨事件是其驱动力；地面塌陷在发育数量上的年际差异性不大，但年度发育数量相比于 2005 年均有提升；地面沉降是发育数量最少的地质灾害类型，2005 年后年度发育数量逐年提升，直至 2008 年发育数量超过 1000 起并达到历史峰值，后续年度发育数量相对较低。

　　总体而言，不同类型地质灾害的年度发育规律并不相同，但究其灾害孕育机理，滑坡、崩塌灾害的孕育条件较为接近，且同为泥石流灾害提供物质基础。地裂缝和地面沉降的年度发育规律同样呈现出较强的一致性，具体伴发性机理还有待进一步探索。

　　统计发现，重大地质灾害在月际发育上存在明显的规律性，图 2-5 给出了 2005～2014 年统计年间地质灾害发育月际变化情况，上述月际发育规律与中国境内极端降雨频发的月份基本一致，统计结果显示 2005～2014 年间 71 次重大地质灾害记录中，67 次为强降雨引发，2 次由工程施工等人为因素引发，2 次由人为因素与天然降雨共同作用引发，因此降雨仍为诱发地质灾害的主要因素。

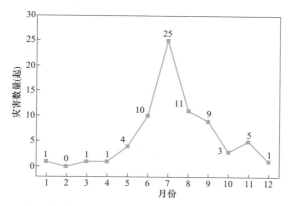

图 2-5　全国大型地质灾害发育月际变化情况（2005～2014 年）

　　4. 全国地质灾害易发区和重点防治区

　　（1）地质灾害易发区。依据地形地貌、岩土体类型及性质、地质构造以及地下水特征与开采状况等地质灾害形成的地质环境条件和人为活动因素，把全国地质灾害易发区分成高、中、低三级地质灾害易发区。

　　（2）地质灾害重点防治区。依据全国地质灾害易发区分布，考虑不同区域社会经济重要性因素，根据《全国地质灾害防治"十三五"规划》，把地质灾害易发、人口密集、社会经济财富集中、重要基础设施和国民经济发展的重要规划区作为地质灾害重点防治区,共划分地质灾害重点防治区 17 个,总面积 141.1 万 km²,详见第 1 章。

2.1.2 四川省地质灾害及其易发区和高压输电网络分布特征

2.1.2.1 四川省地质灾害特征

由于四川省地理环境复杂,山区广布,平原狭小,地形地貌、地层岩性、地质构造多变,新构造运动活跃,加之暴雨、地震以及人类工程、经济活动的日益频繁的影响,地质灾害的类型多样且分布发育特征各异。四川省主要发育的地质灾害为滑坡、崩塌和泥石流(见图 2-6)。

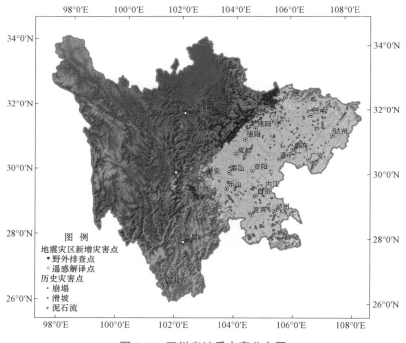

图 2-6 四川省地质灾害分布图

1. 滑坡、崩塌灾害特征

四川省滑坡、崩塌、危岩的分布与地质背景密切相关,除与地形地貌、地质构造有关外,还与易滑地层的分布有关。

(1)滑坡的发育受地形坡度控制。80%~90%的滑坡发生于地形坡度 20°~50°的斜坡上。

(2)断裂发育或构造裂隙密集地带滑坡发育。由于断裂带受构造作用影响,岩石破碎，构造裂隙发育，第四系崩坡积土体分布较多，为滑坡的发育提供了丰富的物质来源。

（3）堆积松散的土层和软弱的岩层为主要易滑地层。盆周山地古——中生界砂泥岩互层地层，特别是砂页岩夹煤层、石膏水云母黏土岩，包括三叠系上统须家河煤组、二叠系列化龙潭煤组、泥盆系水云母黏土岩、自流系页岩、寒武系页岩，均是敏感的易滑地层。其他如砂页岩互层的红层、昔格达组的黏土岩、第四系黏土、残坡积层，变质岩如千枚岩、板岩、片岩等也是易滑地层。在以上地层分布的地区，加上断裂构造影响，地层岩体更加破碎，在诱发因素的作用下往往发生规模较大的滑坡、崩塌，抑或形成大面积的危岩体。

（4）四川省近年来区域性的滑坡、崩塌和危岩等地质灾害的发生频繁，主要是由大暴雨和长时间的连续降雨引起的。一次大的降雨不仅造成洪灾，而且触发大量的滑坡、崩塌、泥石流、危岩等的发生和形成。四川省全年平均降雨量的分布特征基本上反映了地质灾害的分布和发育强度的趋势。

（5）人为因素。随着四川省各项建设事业的迅速发展，特别是近年来在基础设施建设中投资力度的加大，交通、能源、水利、城建等带动了社会经济的发展，但同时对自然生态环境的影响也日益加深，特别是地质环境的破坏所造成的灾害也更加严重。由人类工程经济活动所引起的边坡失稳主要表现在以下几个方面：

1）城乡建设、交通建设、水利建设的影响。由于大量建设的挖方、填方，形成人工高陡边坡，造成边坡失稳，促使滑坡、崩塌、危岩的发生和形成，并导致老滑坡的复活，如近年来成（都）雅（安）、成（都）南（充）、成（都）绵（阳）、成（都）渝（重庆）等高速公路的建设中均在局部地段诱发了滑坡、崩塌的发生；而一些乡镇级别的区间公路由于缺乏高质量的设计和施工，常常出现滑坡、崩塌等地质灾害，如阿坝州境内的区间公路，大多岩沟谷修建，滑坡、崩塌发育的密度在局部段可达 58 条/100km²；其他如川藏公路、成昆铁路沿线一直是地质灾害发育严重的交通干线。此外，近年在四川西部兴起的水电建设热潮也带来了一系列的环境危害。

2）采矿活动对滑坡、崩塌和危岩的影响。四川省的矿产资源丰富，近年来各地的采矿活动频繁，不科学地采矿引起的地质灾害时有发生，给矿山和当地造成不同程度的物质和经济损失。主要是由于采矿放炮、采矿安全柱、放顶和矿井疏干，特别是露天开采等人为活动，使自然边坡的稳定状态受到破坏，坡体内力学平衡发生变化，加剧了滑坡、崩塌和危岩的形成；另外，采矿形成的弃土、弃渣的任意堆放，又为暴雨激发崩塌、滑坡、泥石流等灾害提供了充足的物质来源；在雅安地区内由于花岗岩石材开采所引起的崩塌、滑坡和泥石流也时有发生；攀枝花地区的钒钛磁铁矿、煤矿等的开采也形成了一系列的滑坡、崩塌和泥石流等灾害。由采矿引起的地质灾害在四川省内各地是较为普遍的。

（6）地震活动影响。四川省位于中国南北地震带，地震活动居全国第5位，具有地域广、强度大、频率高的特点，特别是四川省西部的龙门山地震带、鲜水河地震带和安宁河地震带形成"Y"字形交叉，地震活动尤其频繁。在地震活动带，由地震触发的崩塌、滑坡非常多，形成的规模也较大。如四川汶川8.0级地震就触发了50 000余处崩塌、滑坡灾害。

2. 泥石流灾害特征

（1）自然地质因素。四川省的泥石流主要集中分布于川西山地和盆地边缘区，这些地区由于山高坡陡，所处的地质构造背景复杂，褶皱断裂发育，新构造活动强烈，岩石破碎，为泥石流的形成提供了丰富的松散固体物质来源。川内大的断裂带和活动断裂带成为泥石流的主发育带和活动带。甘孜、阿坝、凉山、攀枝花、雅安5个地、州地质构造最为复杂，地壳活动最强，泥石流沟的发育即达到1906条，占全省泥石流的93.8%。

（2）降雨因素。四川省的泥石流多为降雨激发，尤其是强度大的暴雨，特别是每年的6～9月是西部地区降雨集中且强度大的季节，这一时段的降雨量往往占全年降雨量的70%～80%，而这一时段发生的泥石流达全年的90%以上。

（3）人为因素的影响。四川省的地质灾害除受自然地质环境的控制和暴雨激发外，还有部分是由于人类活动影响有关的因素影响形成的，主要表现在森林砍伐、采矿弃渣、道路、水利水电、厂矿等工程建设活动。

1）大量砍伐森林造成植被覆盖率下降，导致自然调节作用减弱，水土流失加剧，是泥石流形成的重要因素之一。如川西北地区，特别是岷江上游地区近年来发生了大量的泥石流危害，据中国科学院山地所的调查，该地区的泥石流沟达1682条，其中不乏由于砍伐森林引起的。

2）采矿弃渣是西部矿区比较普遍的环境问题，它不仅导致水土污染和滑坡、崩塌的形成，泥石流发生的潜在隐患也不容忽视，如石棉县石棉矿四分矿的堆渣形成人工泥石流冲断108线，新康石棉矿堆渣坝每逢降雨即出现弃渣翻坎形成坡面泥石流。

3）其他如道路、水利水电、厂矿建设影响形成的泥石流在四川省也较常见。

2.1.2.2 四川省地质灾害易发区

四川省地域辽阔，高山、丘陵、平原等地貌类型齐全，地质构造条件和地层岩性复杂，新构造运动强烈，地质灾害时空分布不均。就诱发因素而言，地质灾害发育程度历来受区域性暴雨影响十分明显，地质灾害暴发高峰期主要集中在5~9月，因此，汛期地质灾害预防是四川省地质灾害防治工作的重点。根据已发生地质灾害的空间分布特征，可将四川省地质灾害分为以下易发区：

（1）川西地区。广元—雅安—木里一线以西的地区为高山峡谷地区，三叠系变质岩广布。因气候恶劣，寒冻风化作用强烈，岩体破碎，第四系残坡积物局部较厚，往往形成泥石流的主要物源，泥石流、滑坡等地质灾害特别发育，有类型多、规模大、活动频繁、治理耗资巨大的特点。

（2）川西南地区。以凉山、攀枝花地区为主的中高山峡谷区，山高谷深，地震频繁，褶皱断裂发育，气候干湿交替分明，暴雨集中，岩体破碎，风化残坡积堆积层厚，第四纪冰水堆积的昔格达组广布，在人为工程活动影响下，滑坡、崩塌、泥石流极其发育，安宁河断裂带、大渡河、雅砻江河谷段和成昆铁路沿线是地质灾害的易发地段。

随着西部大开发及再造一个成都平原战略的推进，应注意落实《四川省地质环境管理条例》的规定，做好基本建设项目地质环境评价工作，其评价重点是昔格达组分布区的工程地质问题及泥石流防治。

（3）盆周山地区。围绕盆地四周的地区，地形切割较深，断裂褶皱发育，碎屑岩及煤系地层广布，雨量集中，强度大。由于采矿、修路、垦植、砍伐等工程活动，不断诱发崩塌、滑坡、泥石流灾害，在川南盆周山地区的采煤、炼磺等工程活动中，引发的地裂缝、滑坡、塌陷、泥石流等地质灾害十分频繁，威胁城镇乡村、工矿企业。

（4）盆中地区。盆周山地所围绕的盆底地区，以平原、丘陵及低山为主，基底稳定，地层平缓，人口集中，城镇密布，经济发达，雨量集中且强度大，水土流失严重，受修路削坡、城镇建设及矿山爆破开采影响，往往孕育着中小型泥石流、滑坡、崩塌等灾害，以及矿山开采引发的地面塌陷、坑道突水等。

2.1.2.3 四川省高压输电网络分布特征

经调查发现四川电网地质灾害隐患点4257处，其中，滑坡2308处、崩塌1263处、泥石流161处、沉降327处、地面塌陷162处、地裂缝36处，规模以小型灾害隐患点为主，大中型隐患点较少。图2-7为四川省已建成的高压输电网络分布图，有大量的输电通道位于上述 4 个地质灾害易发区内，随着强震和极端气候的不断频发，位于四川省地质灾害易发区内的输电网络面临的地质灾害风险将越来越严峻。

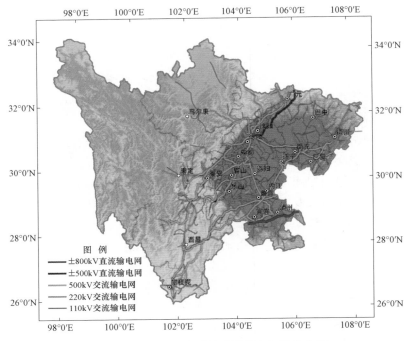

图 2-7　四川省已建成的高压输电网络分布图

▌ 2.2　地震高易发区输变电工程建设风险评价

2.2.1　基于不同降雨频率的区域性地质灾害危险性评价

滑坡、泥石流危险性评价是强震区地质灾害较为有效的非工程减灾措施之一。地质灾害危险性评价是地质灾害发生的空间概率和时间概率的组合。国内外虽已有大量关于地质灾害危险性评价的研究成果，但对滑坡、泥石流危险性的评价大多只提出了空间概率，并未对潜在受灾对象指出滑坡、泥石流在什么时候可能会发生，即缺少时间概率。针对此方面的不足，提出"天地耦合"的概念，综合考虑地质灾害发生的时空性，以地质环境背景为空间基础，不同降雨频率为时间尺度，构建出不同比例尺下的强震区地质灾害危险性评价方法体系，为地质灾害的监测警报及灾害处置决策的制订提供科学依据。

1. 目标区域地质灾害分布特征（以汶川县为例）

（1）滑坡分布特征。从图 2-8 中可以看出，目标区滑坡灾害点多沿岷江干流、岷江支流（渔子溪、杂谷脑）两岸分布。

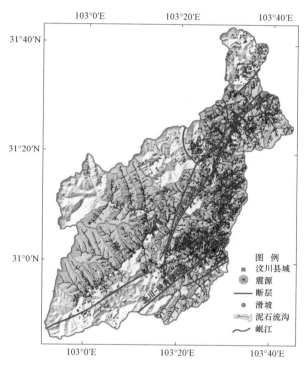

图 2-8　汶川县滑坡、泥石流地质灾害分布

据统计，水系两岸 200m 范围内，分布滑坡数量约占目标区内滑坡总数量的 39.7%。滑坡失稳的主要因素之一是水系的侵蚀作用，侵蚀促使斜坡坡脚抗滑力减弱，增加坡体的不稳定性。目标区内浅层滑坡较多，因其是高山峡谷地貌，切割较深、狭窄，沟壑密布，斜陡的山坡不利于植被生长，自然降水或者冰雪融化，极易产生地表径流，造成山体表面浅层滑坡。地质构造是影响或控制地质灾害形成与发展的基础环境的要素之一。切割、分离坡体的地质构造越发育，形成滑坡的规模往往也就越大，因此构造作用是滑坡地质灾害产生的重

要因素。地质构造发育区域往往是地质灾害暴发的集中区。四川汶川 8.0 级地震主断裂带（北川—映秀断裂带）穿境而过，其主震震源位于目标区映秀镇附近。在图 2-8 中，北川—映秀断裂带上盘解译的地质灾害数量远远大于下盘，其主要原因是逆断层运动时，上盘的地表加速度值大于下盘。前人曾以映秀镇为界，主断层上盘区域 0~30km 范围内，地质灾害发育线密度约 6.8 处/km；而下盘的地质灾害发育线密度 0.3~0.8 处/km，仅为上盘的 1/10。经统计，距断层 2km 范围内，地质灾害发育数量约占目标区总数量的 34.3%。

根据遥感解译获得的滑坡结果，对滑坡的空间分布进行目标区管辖区域分布划分，为目标区各乡镇区域的地质灾害预防在数量及区域空间分布上提供数据支撑。目标区下辖地区滑坡灾害点数量如图 2-9 所示，目标区 14 个乡镇中，在乡镇区域分布数量上从大到小，依次为银杏乡、棉虒镇、耿达乡、映秀镇、卧龙镇、草坡乡、威州镇、雁门乡、三江乡、龙溪乡、白花乡、克枯乡、漩口镇和水磨镇。滑坡灾害点分布数量最多的为银杏乡 1205 处，占总数量的 19.45%，分布数量最少的是水磨镇 8 处。

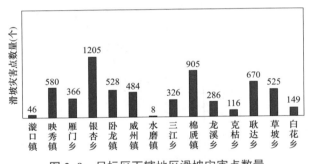

图 2-9　目标区下辖地区滑坡灾害点数量

对目标区滑坡灾害点的区域空间分布以相同标度（区域滑坡分布密度）来对比，如图 2-10 所示，密度从大到小依次为映秀镇、银杏乡、威州镇、棉虒镇、白花乡、雁门乡、克枯乡、龙溪乡、漩口镇、草坡乡、耿达乡、三江乡、卧龙镇、水磨镇。映秀镇最大，约 4.7 处/km^2；银杏乡次之，约 4.2 处/km^2；水磨镇最小，约 0.1 处/km^2。结合上述分析可知，映秀镇大部分区域位于北川—映秀断裂带的上盘，震源在映秀镇牛圈沟内，岷江干流流经映秀镇，且映秀镇地貌为高山地貌，因此映秀镇为滑坡地质灾害的发育，创造了天时、地利的条件。

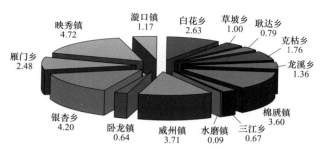

图 2-10　目标区下辖地区滑坡灾害点分布密度（处/km²）

（2）泥石流分布特征。四川汶川 8.0 级地震对地表面的强烈干扰，使得泥石流地质灾害形成条件发生极大变化。地震及其后期降雨触发的巨量地质灾害为泥石流活动提供足够的松散物源，泥石流物源供应条件发生了强烈改变。松散岩土体或堆积于泥石流沟道内，或悬挂于斜坡体上，其级配良好、空隙率大、结构松散等特点，促使降雨极易入渗松散土体，局部饱水，造成空隙水压力增加而坡体失稳参与泥石流活动。通过对比北川县泥石流暴发的雨量数据，发现震后泥石流暴发的前期累计雨量和平均小时雨强较震前水平分别降低了 15%～22% 和 5%～31%。震后泥石流暴发临界阈值大幅降低，进而导致流域内水土条件容易耦合，泥石流活动在时间上表现为"高频性"特征，空间上表现为"群发性"特征。在总结台湾集集地震与日本关东地震震后次生地质灾害发育规律的基础上，预测四川汶川 8.0 级地震后高地震烈度带范围内，泥石流灾害会处于高峰爆发期，且时间会持续 10～15 年。且地震产生的次生灾害对目标区环境的破坏，在短时间内难以恢复至震前状态，泥石流灾害将是威胁目标区的主要地质灾害类型，也是目标区做好预防、预警的主要对象。由于目标区泥石流灾害频发性和山区土地资源稀缺性之间的矛盾，使得目标区人类活动不可能完全避开泥石流的威胁。

目标区 14 个乡镇中，在乡镇区域泥石流分布数量上从大到小，依次为耿达乡、映秀镇、卧龙镇、银杏乡、三江乡、棉虒镇、草坡乡、漩口镇、水磨镇、威州镇、雁门乡、白花乡、龙溪乡和克枯乡。耿达乡泥石流数量最高达 30 条，映秀镇次之为 25 条，克枯乡最少为 3 条，如图 2-11 所示。

岷江一级支流渔子溪流经耿达乡，沿岸沟域发育，岩性以花岗岩为主，沟谷切割较深、狭窄，斜陡的山坡不易植被生长，易于沟内汇集雨水，特别是四川汶川 8.0 级地震及其之后的强降雨，沟道物源条件丰富，沟道地貌突变，高差加大。以上条件同样为泥石流的发育，提供了条件。

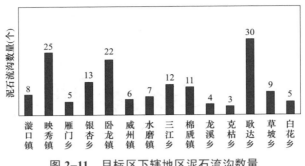

图 2-11 目标区下辖地区泥石流沟数量

2. 不同降雨频率下的电网地质灾害危险性评价（以汶川县为例）

地质灾害是地壳表层的地质体剧烈变化而产生的，往往是突发性的，而且是若干因素相互作用、影响而组成的复合体，是一个复杂的非线性系统。地质灾害与区域环境的地形地貌、地质条件、气象水文、降雨、地震等因素紧密相关。地质灾害影响因素总的来说可以归纳为两类：① 内部因子，地质灾害的自然属性特征，是地质灾害发生的基础；② 外部因子，触发地质灾害的外部条件，使灾害的发生具有突变性。因此，在复杂的内外因子中，筛选出合理、可靠的目标区滑坡危险性评价指标对目标区滑坡危险性评价尤为重要。

在目标区内许多流域内现有的水文站点密度及掌握的降雨相关数据资料，不足以建立足够精度的水文模型，再或者由于自然条件及人类因素的限制，无法获得目标区足够的水文数据资料，进而进一步分析。针对此种情况，《四川省中小流域暴雨洪水计算手册》为所需降雨数据的推导来源，推导出目标区不同降雨频率（5%、2%、1%）年最大日降雨量，作为危险性评价中的时间尺度。20、50、100 年一遇年最大日降雨量等值线图如图 2-12～图 2-14 所示。

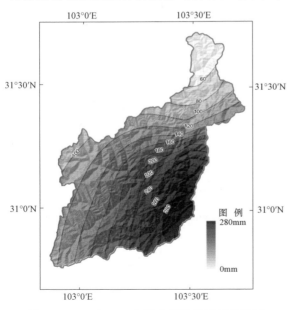

图 2-12 20 年一遇年最大日降雨量等值线图

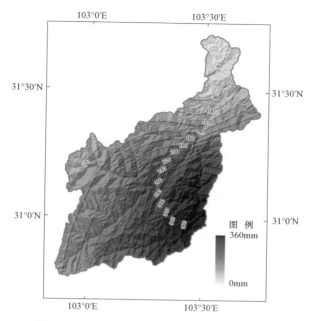

图 2–13　50 年一遇年最大日降雨量等值线图

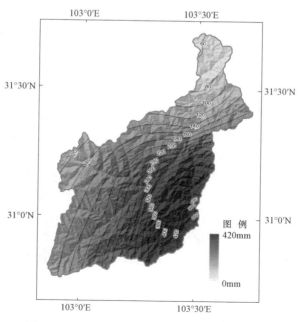

图 2–14　100 年一遇年最大日降雨量等值线图

（1）滑坡危险性评价。

1）评价因子选取。对目标区内的滑坡地质灾害危险性评价，选取的评价指标如图2-15所示。

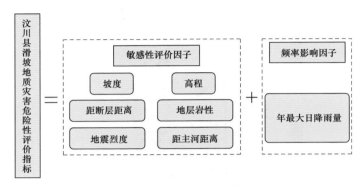

图2-15 汶川县滑坡地质灾害危险性评价指标体系

为实现目标区汶川县滑坡基本特征评价、滑坡危险性评价，根据目标区滑坡特征及前人研究成果，首先选取6种指标因子评价目标区滑坡敏感性。为了能够良好体现出指标因子与滑坡灾害的关联性，此处拟引入地质灾害相对密度D的概念，其目的是表达滑坡灾害不同的评价因子不同等级中的分布情况，为

$$D = \frac{N_i / S_i}{N/S} = \frac{N_i / N}{S_i / S} \tag{2-1}$$

式中　S——目标区面积，km^2；

　　　S_i——某评价因子i等级所占的面积，km^2；

　　　N——目标区内滑坡的总数量；

　　　N_i——某评价因子i等级中滑坡灾害的数量。

a. 坡度。滑坡体表面及其水平面间的夹角即为坡度，坡度是坡体倾斜程度的直接表现，坡体应力集中随坡度的变化而不同，坡度增加，坡脚应力集中，坡体稳定性降低。一定程度上，影响着地表物质和能量的再分配，对坡体松散物质覆盖层厚度、地表径流、地下水补给和排泄起到控制作用，水体流失和土地利用易受影响。地表径流、斜坡上松散物质厚度、斜坡上地下水的补给与排泄产生着控制作用，同时也影响着水土流失强度以及土地利用方式等。

通过ArcGIS中3D-analysis分析模块的Slope工具提取目标区滑坡体及分级区间坡度，利用相对密度概念划分出坡度因子下不同等级区间内地质灾害的活动强度，见表2-1。此处将坡度划分为5个等级：小于15°、15°～25°、25°～

35°、35°～45° 以及大于 45°，滑坡灾害点坡度多在 35° 以上，且在坡度大于 45° 的区间上，滑坡相对密度最大，活动性最强，35°～45° 区间次之。

表 2–1 目标区滑坡坡度分级

坡度分级（°）	分级面积（km²）	灾害点个数	相对密度（个/km²）
<15	235.22	144	0.612
15～25	489.84	307	0.627
25～35	1166.74	1171	1.004
35～45	1384.49	2568	1.855
>45	809.34	2004	2.476

b. 距断层距离。构造运动不仅仅是单体滑坡发生的必要条件，也是区域性滑坡的直接控制因素，在大构造断裂带附近滑坡群较常出现，是地质灾害的暴发区。本目标区内是四川汶川 8.0 级地震主断层发育区，构造运动强烈，岩层破碎，断层褶皱发育。断裂构造带附近岩石破碎，易于风化，形成深厚的带状风化壳，降低了坡体结构的完整性；断裂带间接地控制着对滑坡地质灾害发育的临空面；断裂带附近岩石破碎，风化严重，破坏附近边坡的完整性和联系性，降低了坡体的抗剪强度；断裂带附近岩土体节理裂隙发育；断层错动后，岩层结构破坏，地表破裂，而地震波则以非活动断层作为反射面，促进岩土体的拉力破坏。

因此，利用 ArcGIS 针对断层做缓冲区分析，将距断层距离分为 5 个等级：<4km、4～8km、8～12km、12～16km、>16km。将地质灾害点做相对密度分析，见表 2–2。滑坡活动强度随距断层距离的增加而降低，在距断层 4km 范围内，滑动灾害点在数量上达到了目标区总数量的 34.4%，分布密度最为集中。

表 2–2 目标区滑坡距断层距离分级

距断层距离（km）	分级面积（km²）	灾害点个数	相对密度（个/km²）
<4	861.34	2129	2.47
4～8	839.02	1893	2.26
8～12	615.25	1167	1.90
12～16	422.72	408	0.97
>16	1347.32	597	0.44

c. 高程。地物距海平面的高度即为高程。高程与坡度对滑坡灾害的影响不同，体现在前者控制着坡体的应力值大小，而后者则控制着坡体的应力分布。随高程的增加，坡度会逐渐登高，而应力值则逐渐增加而集中。其次，高程范围不同，则气候和植被覆盖率也不同，同时高程也影响着滑坡灾害的势能。目标区以高山峡谷地貌为主，切割强烈，沟壑密布，地形陡峻，沟谷纵横，地形临空面较大，海拔变化范围内一些平坝地貌仅沿河谷分布，且地表事物在相近的区域内高程差均较大。因此将目标区划分为 5 个等级：<1500m、1500～2500m、2500～3500m、3500～4500m、>4500m。对目标区内滑坡灾害点在不同高程范围内的分布规律统计，见表 2-3。根据结果显示，在 1500～3500m 的高程范围内滑坡灾害点分布数量最多，占目标区内滑坡总数量的 80.1%，而滑坡灾害最为密集的区域则是在 <1500m 的高程范围内。

表 2-3　　　　　　　　　　　　　　目标区滑坡高程分级

高程（m）	分级面积（km²）	灾害点个数	相对密度（处/km²）
<1500	290.93	927	3.19
1500～2500	956.75	2772	2.90
2500～3500	1688.43	2192	1.30
3500～4500	769.03	275	0.36
>4500	380.49	28	0.07

d. 距主河距离。滑坡地质灾害的发生与水系的分布紧密相连，且河流沿岸多为诱发滑坡的发育区。河流对滑坡的影响主要表现在：河流沿岸滑坡受到河流的陶蚀、冲刷、浪击影响，坡体下部岩土体支撑作用被削弱，促进滑坡的发生。凡是河流冲刷强度较强的地方，滑坡就活跃；相反，冲刷强度降低的地方，滑坡活动较弱。因此河流的侵蚀作用在分析影响滑坡地质灾害的分析中必不可少，其对山体斜坡前缘的抗力有着显著的削弱作用，进而导致沿岸坡体失稳。目标区高山深谷，沟壑密布，且岷江干流及其支流（杂谷脑河、渔子溪）河流湍急，贯穿目标区。基于此，此处根据目标区的主要河流分布，对水系空间缓冲分级分析，分为 6 个等级：<4km、4～8km、8～12km、12～16km、16～20km、>20km。对目标区内滑坡灾害点在不同距主河距离范围内的分布规律统计，见表 2-4。越靠近主河距离，其距离范围内的滑坡灾害点数量越多，而相对密度

也会逐渐增加。在距河流 4km 范围内滑坡灾害最为活跃，数量达总数量的 55.6%，主河对滑坡灾害的控制规律较为明显。

表 2-4　　　　　　　　　　目标区滑坡距主河距离分级

距主河距离（km）	分级面积（km²）	灾害点个数	相对密度（处/km²）
0～4	1244.00	3441	2.77
4～8	935.72	1712	1.83
8～12	601.10	574	0.95
12～16	472.63	231	0.49
16～20	362.21	199	0.55
>20	469.97	37	0.08

　　e. 地震烈度。地震发生时所波及的范围内，某一地区地面受地震影响的强弱程度即为地震烈度。四川汶川 8.0 级地震后，不同地震烈度区间的生态恢复能力不同，滑坡灾害的暴发程度会呈现不同的程度。目标区内共有 4 个地震烈度带，分别为Ⅷ、Ⅸ、Ⅹ、Ⅺ。在研究过程中，统计了目标区内所有解译出来的滑坡灾害点与不同地震烈度的分布关系，见表 2-5。结果发现，滑坡地质灾害点在空间分布主要集中在Ⅺ地震高烈度区，且Ⅹ、Ⅺ 2 个高地震烈度区滑坡相对密度较高，Ⅸ与Ⅷ地震烈度带中滑坡相对密度则逐渐降低。

表 2-5　　　　　　　　　　目标区滑坡地震烈度分级

地震烈度	分级面积（km²）	灾害点个数	相对密度（处/km²）
Ⅷ	1924.50	1560	0.81
Ⅸ	1211.02	1873	1.55
Ⅹ	453.28	769	1.70
Ⅺ	496.84	1992	4.01

　　f. 地层岩性。地震作用下，斜坡的稳定性与岩土体岩性及结构特征关系密切，不同地质年代的地层岩性与地质灾害有显著关系。在相同的地震震级下，不同的岩性，其地震加速度和振幅均不同，因此滑坡地质灾害暴发的程度也不同。地层岩性是地球表面物质组成的基础，是地质灾害产生的基本物质条件，物理力学性质也各异，抗风化能力及变形破坏也不同，随之影响着滑坡地质灾害的规模。经野外调查及查阅地质资料，目标区岩性主要有泥页岩、千枚岩、

砂板岩、砂砾岩、砂岩、碳酸盐岩和岩浆岩 7 类。对目标区内滑坡灾害点在不同地层岩性范围内的分布规律统计，见表 2-6。从统计分析中可知，岩浆岩、砂板岩、碳酸盐岩和泥页岩地层中，滑坡灾害点分布较多，数量分别为 4153、990、529、339 个；滑坡地质灾害相对密度最高的是在岩浆岩地层中。由于岩浆岩（玄武岩、花岗岩、灰岩等）和碳酸盐岩（白云岩等）地层岩性硬度较大，且脆易碎，为灾害点的发育提供物质基础；砂板岩和泥页岩地层岩性硬度则较为软弱，风化严重，土体的抗剪强度较低，容易产生滑坡。

表 2-6　　　　　　　　　目标区滑坡地层岩性分级

地层岩性	分级面积（km²）	灾害点个数	相对密度（处/km²）
泥页岩	600.25	339	0.56
千枚岩	23.65	6	0.25
砂板岩	1103.67	990	0.90
砂砾岩	42.43	86	2.03
砂岩	292.04	87	0.30
碳酸盐岩	559.66	529	0.95
岩浆岩	1463.94	4154	2.84

2）逻辑回归模型。逻辑回归模型仅仅适用于静态因素的分析评价，而在影响目标区滑坡地质灾害发生的动态因素上的考虑有所不足。对区域性滑坡地质灾害进行危险性评价，考虑外界动态因子，实现目标区内滑坡地质灾害的动态特征。危险性评价公式为

$$H_d = SH_0 \qquad (2-2)$$

式中　H_d——目标区内滑坡地质灾害危险性；

　　　S——目标区内滑坡灾害的敏感性；

　　　H_0——降雨动态因子。

3）汶川县滑坡危险性分级标准划分。四川汶川 8.0 级地震之后的数年里，余震逐渐减少，地震诱发地质灾害的能力大幅度降低，但是震区地质环境的恢复确需要十几年乃至数十年的时间。因此在目标区内脆弱的震后地质环境下，降雨成为诱发滑坡地质灾害的主导因素，滑坡地质灾害发生的时间与雨季几乎一致。利用式（2-2）最终得出目标区在 5%、2%、1%三种频率下的滑坡地质灾害危险性评价图。由于因子图件分析过程中，偶尔会出现像元值较低品质的

连续性，划分区域时不清楚等问题，首先以自然断点法为根本，自动寻求像元值的变化突出界限值，最终划分目标区滑坡危险性评价分区如图 2-16 所示。表 2-7 详细描述了目标区危险性划分及防护措施建议。

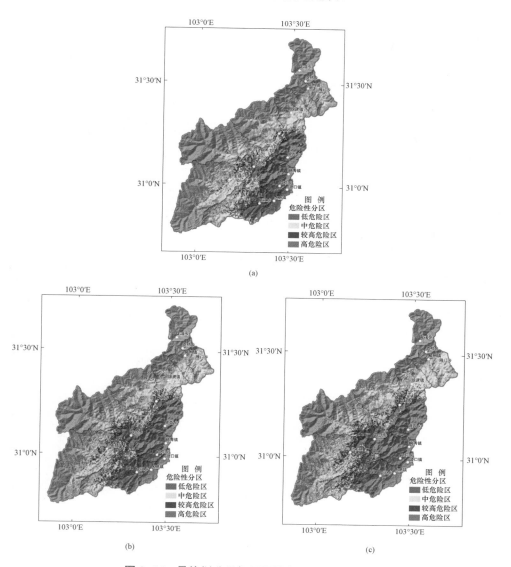

(a)

(b)   (c)

图 2-16　最终划分目标区滑坡危险性评价分区

（a）20 年一遇降雨条件下危险性分区；（b）50 年一遇降雨条件下危险性分区；

（c）100 年一遇降雨条件下危险性分区

表 2-7 汶川县滑坡危险性划分及防护措施建议

危险性等级	级别标准	识别标志	建议采取的应急或防护措施
低危险性	各种土地利用类型几乎不会遭受滑坡灾害	绿色	工作人员定期巡查
中危险性	各种土地利用类型遭受滑坡灾害可能性较小	黄色	不定期巡查可能遭受滑坡灾害的房屋、道路、桥梁等重点承灾体，掌握隐患点可能的变形特征及承灾体的变形迹象，并上报备案
较高危险性	各种土地利用类型遭受滑坡灾害可能性较大	蓝色	加密重点路段、桥梁及居民建筑物等的监测工作，对于出现变形的坡体可采取临时防护措施，如开挖排水和截水沟将地表水引出危险区、回填或封堵裂隙、坡体铺设防止地表水的直接渗入等，并设立明显的危险区警示牌，上报备案
高危险性	各种土地利用类型遭受滑坡灾害可能性很大	红色	重点路段、桥梁及居民建筑物需加强防灾工程或者主动避让，如坡体加设主动或被动防护网、格构护坡、混凝土喷浆、挡墙等工程措施。甚至必要时实时监测预警，当遇到危险警报时需要及时疏散居民。设立明显的疏散指示牌，上报备案

（2）泥石流危险性评价。对目标区内的泥石流危险性评价，选取的评价指标如图 2-17 所示。

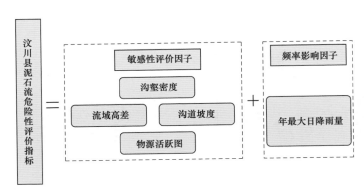

图 2-17 目标区泥石流危险性评价指标体系

1）地形地貌条件。借助 GIS（Geographic Information System，地理信息系统）软件的空间分析功能分析目标区内泥石流域内所具备的流域高程差、沟壑密度和流域沟道坡度等因子，描述研究对象的地形地貌条件，具体如下：

a. 流域高程差。流域地形地貌给人最直观的体现是高程差，也是最基础的表达要素。流域高程差也是判定泥石流能否可以起动的根本条件。相对高程越大，潜在势能就越高，泥石流发生的动力条件就越充分。借助 GIS 软件统计，160 条泥石流中流域高程差：流域高程差范围为 1500~2000m，泥石流沟的数量最多，达到 50 条；2000~2500m 泥石流数量次之，为 34 条。目标区内泥石流最小高程差为 559m，最大的高程差为 3985m，具体流域高程差分级统计如图 2-18 所示。

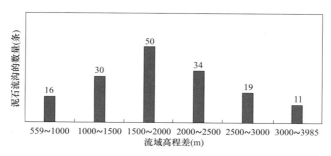

图 2-18　流域高程差分级统计图

b. 沟壑密度。沟壑密度是流域内沟道产生的能力，反映流域内地表受外力侵蚀过程的程度，比如受水利类侵蚀程度，沟壑切割破碎地表的程度。理论上沟壑密度越高，泥石流沟受水利侵蚀能力越强，越利于泥石流的暴发，其计算公式为

$$D_S = \frac{L}{S} \tag{2-3}$$

式中　D_S——沟壑密度，km/km^2；

　　　L——流域内沟壑的总长，km；

　　　S——流域总面积，km^2。

以泥石流流域作为基本研究单位，利用 GIS 中水文工具来提取各个单元流域内的沟壑，统计出各单元的长度和面积，利用式（2-2）计算出各个单元沟壑密度，范围集中在 0.06~0.28km/km^2，其中泥石流沟壑密度在 0.5~1.5km/km^2 最多，共有 82 条，占总数量的 51.3%。具体流域沟壑密度分级统计如图 2-19 所示。

c. 流域沟道坡度。可以客观描述地表倾斜程度和起伏程度，反映出沟内流体动能的状况，流域内平均坡度越陡，汇流时间越小，对于流域内物源滑动和流域运移速度越有利，从而泥石流物源补给和运动过程受到较大影响。此处将

每个泥石流流域作为对象单元，换算出各个流域内的平均坡度：泥石流沟坡度范围为21°～48°，且其中的110条泥石流沟坡度集中在30°～40°，其具体沟道坡度分级统计如图2-20所示。

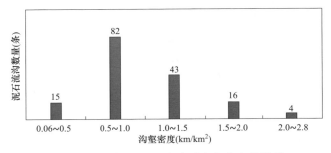

图2-19　目标区泥石流流域沟壑密度分级图

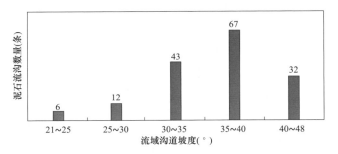

图2-20　目标区泥石流流域沟道坡度分级图

上述3类因子均是针对泥石流流域地形地貌方面进行描述衡量的因子。流域高程差越大，沟坡坡度越陡，沟壑密度越高，则表明孕育泥石流发生的条件越好。

2）物源条件。物源条件是泥石流的爆发规模与持续频率的直接影响因素，理论上来说泥石流流域内物源方量越多，活动性越强，越有利于泥石流的大规模暴发。因此，能够将目标区内的160条泥石流流域范围内，寻找出统一的泥石流物源状态衡量尺度。

以目标区内滑坡灾害的发生概率作为主体衡量因子对全县泥石流物源状态进行量化描述：各个流域内滑坡发生概率大于0.5的滑坡数量所占该流域内总滑坡数量比例作为衡量流域内物源活跃程度的尺度。将滑坡灾害的发生概率按流域范围单元归纳均化到各个泥石流流域中。其中比值越高则表现该泥石流流域中物源在量上、活跃性上均较高，越有助于泥石流灾害的发生；反之则相反。其发生概率大于0.5的滑坡数量比例分级见表2-8。

表 2-8 目标区泥石流物源活跃分级

发生概率大于 0.5 的滑坡数量比值	0~0.3	0.3~0.6	0.6~1
泥石流沟数量（条）	31	39	86

敏感性分析中不同因子代表的意义不同，其采用不同的量纲。衡量因子大小的单位不同，会造成指标因子间数据交融的无效性。此处需对各评价因子进行统一化处理，使数值均保持在（0，1），具体公式为

$$X_i(i,j) = \frac{x_i(i,j) - \min[x(i,j)]}{\max[x(i,j)] - \min[x(i,j)]} \qquad (2-4)$$

式中　$X_i(i,j)$ ——j 评价因子中第 i 个评价单元归一化后的数值；

　　　$x_i(i,j)$ ——j 评价因子中第 i 个评价单元的数值；

　　$\min[x(i,j)]$ ——评价因子 j 中存在的最小值；

　　$\max[x(i,j)]$ ——评价因子 j 中存在的最大值。

（3）汶川县泥石流危险性分级标准划分。以 Logistic 回归模型为数学分析基础，试图探讨运用到目标区泥石流敏感性分析的可行性。

以评价目标区滑坡地质灾害危险性的思路即"危险性=敏感性×降雨"的模式，以 Logistic 回归模型为数学分析基础，评价目标区泥石流的危险性。考虑以不同频率下的降雨作为时间动态因素，分析泥石流在不同时间概率下的动态危险性变化程度。最终得出目标区在 5%、2%、1%三种频率下的泥石流危险性评价图。

泥石流危险性评价公式为

$$H_{dn} = S_n H_0 \qquad (2-5)$$

式中　H_{dn}——目标区内泥石流危险性；

　　　S_n——目标区内泥石流的敏感性；

　　　H_0——降雨动态因子。

在对目标区泥石流进行危险性评价前，首先对目标区内各个泥石流流域范围在 5%、2%、1%三种不同频率条件下的降雨量分别进行平均化，利用 GIS 中的空间叠置运算叠加目标区泥石流敏感性评价图，以自然断点法为根本，综合考虑像元值的突变点，最终划分目标区泥石流危险性评价分区如图 2-21 所示。表 2-9 详细描述了目标区危险性划分及防护措施建议。值得说明的是，西南地区输电杆塔多建在山脊或坡面平缓的地区，泥石流灾害对电网系统的危害性较

小，而滑坡灾害则较大。

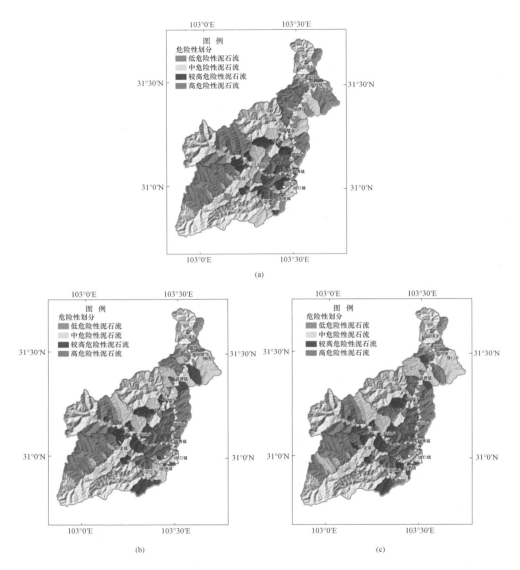

(a)

(b)   (c)

图 2-21 最终划分目标区泥石流危险性评价分区

（a）20 年一遇降雨条件下危险性分区；（b）50 年一遇降雨条件下危险性分区；

（c）100 年一遇降雨条件下危险性分区

表 2-9   汶川县泥石流危险性划分标准及应急防护措施建议

危险性等级	级别标准	识别标志	建议采取的应急防护措施
低危险性	各种土地利用类型几乎不会遭受泥石流灾害	绿色	工作人员定期巡查泥石流流域
中危险性	各种土地利用类型遭泥石流灾害可能性较小	黄色	工作人员不定期巡查流域内堰塞湖、堵塞等情况
较高危险性	各种土地利用类型遭受泥石流灾害可能性较大	蓝色	加密对流域内物源、堵塞、堰塞湖等的巡查工作,对流域内的房屋、道路等进行重点防护,开展相应的监测预警工作,及时通知人员撤离,并设立明显的疏散指示牌,上报备案
高危险性	各种土地利用类型遭受泥石流灾害可能性很大	红色	重点流域加强工程防治,如拦挡坝、排导槽、停淤场等,必要时开展实时监测预警,当遇到危险警报时在这些地区的居民需要及时疏散,设立明显的疏散指示牌,上报备案

2.2.2 基于贡献率法的输电线路滑坡灾害风险评价

此处在滑坡灾害危险性指标中考虑了孕灾环境、诱发条件以及灾害特征的指标因子,承灾体易损性评价指标中考虑了输电杆塔的属性特征、暴露性和恢复力的指标因子,从滑坡灾害的危险性和易损性两个方面建立了比较全面的风险评价方法指标体系,构建基于贡献率法的重大线性工程沿线滑坡灾害风险定量评价模型,并以四川某 500kV 同塔双回输电线路为例开展风险评价。

1. 滑坡灾害风险评价方法

(1)评价模型。联合国 1992 年提出的评价模式"风险=危险性×易损性"得到了国内外学者的认同,其中危险性体现的是滑坡灾害自然属性,易损性体现的是承灾体的社会属性。大部分的区域风险评价多使用多因素综合评判法,该方法是通过对指标的统计计算和权重计算进行叠加。由于输电线路的特殊性和研究的针对性比较明确,采用此方法来建立评价模型,表达式为

$$R = H \times V(A, E, R) \tag{2-6}$$

式中 R——风险性;

　　H——危险性;

　　V——易损性;

　　A——属性特征;

　　E——暴露性;

　　R——恢复力。

(2)指标体系。在选取危险性影响因素时,首先考虑的是滑坡灾害的孕灾

环境，其次是外动力对滑坡的诱发作用。综合考虑线路沿线的地质条件、地形地貌以及滑坡的诱发因素，建立危险性评价指标体系，选取了地层岩性、断层与断裂带、坡度、相对高差等 10 个因素作为滑坡灾害危险性评价指标。在选取易损性影响因素时，从输电杆塔的属性特征、空间属性以及成灾恢复力三个方面建立易损性评价指标体系，将塔型、耗钢量、定位高等 8 个因子作为滑坡灾害承灾体易损性评价指标。综合考虑滑坡灾害的危险性和易损性评价因子，构建输电线路滑坡灾害风险评价指标体系（见图 2-22）。

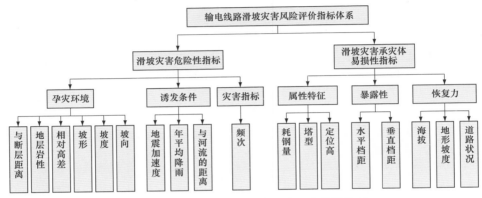

图 2-22 输电线路滑坡灾害风险评价指标体系

（3）指标数据获取与量化。通过遥感解译等方式获得灾害的位置信息，高差、坡度、海拔、坡形等地形相关因子的数据信息均由数字高程模型（Digital Elevation Model，DEM）在 ArcGIS 软件内按相应算法导出；河流水系数据采用国家五级以上河流；地层岩性以茂县 1:20 万地质图进行整理，底层年代精确到系划分；杆塔的属性特征和空间属性的相关指标数据通过电网相关部门的资料获取；杆塔距临近道路的距离由线路要素通过空间分析方法计算得出。在分别获得各评价指标的数据后，为了使数据具有可比性，首先应对指标数据进行无量纲处理，此处采用 min−max 标准化处理方法，其公式为

$$x' = \frac{x - x_{\min}}{x_{\max} - x_{\min}} \tag{2-7}$$

式中　　x'——标准化后的值；

　　　　x——原数据；

　　　$x_{\min}$——原数据中的最小值；

　　　$x_{\max}$——原数据中的最大值。

（4）指标因子权重的计算。滑坡风险评价中，指标因子的权重是一个关键参数。采用贡献率法计算危险性和易损性中各因子的权重。因为贡献率代表了指标因子对滑坡灾害危险性或承灾体易损性的贡献程度差异，已经具有权重的意义，所以在贡献率计算的基础上，经过均值化、归一化处理，可以将贡献率转换为权重。采用贡献率法求权重定量化程度高，可以避免人为主观因素的影响。

2. 算例

选择四川某 500kV 同塔双回输电线路为例开展风险评价分析，该输电线路从 500kV 茂县变电站向南出线后，左转平行于已建茂谭 500kV 线路走线，在水磨坝处跨过 S302 省道，经马良沟翻过土地岭，在茅香坪附近连续跨越茂槽（原茂县—东兴）220kV 线路、S302 省道及金槽（原金龙潭—东兴）220kV 线路。线路向北走线绕过茅香坪工业开发区，经过中心村以北继续向东方向走线，经上关子、刀溪沟至郭家坪。线路于此右转，向东至水窝老跨越拟建的槽木—茂县Ⅱ双回 220kV 线路（原 220kV 庙槽线改接进 500kV 茂县变电站）后连续跨过 S302 省道和土门河，进入 500kV 茂县变电站。该工程新建输电线路长度 2×19.196km。

（1）滑坡灾害危险性评价。根据滑坡灾害危险性评价指标的标准化结果及利用贡献率法计算的各评价指标的自权重和互权重值，构建如下危险性评价模型，从而求得每个输电线路杆塔的滑坡灾害危险性值，见表 2-10

$$H = \sum_{i=1}^{10} \omega_i \omega_i' \bar{U}_i' \qquad (2-8)$$

式中　H——危险性；

　　　ω_i——指标因子的自权重；

　　　ω_i'——指标因子的互权重；

　　　$\bar{U}_i'$——指标因子的贡献指数。

（2）输电线路杆塔易损性评价。根据输电线路杆塔易损性评价指标的标准化结果及利用贡献率法计算的各评价指标的自权重和互权重值，构建如下易损性评价模型，从而求得每个输电杆塔的易损性值

$$V_i = f(A, E, R) = \sum_{i=1}^{8} \omega_i \omega_i' P_i \qquad (2-9)$$

式中　V_i——第 i 单元的易损度；

　　　ω_i——第 i 个评价指标自权重；

　　　ω_i'——第 i 个评价指标互权重；

P_i——第 i 个评价指标标准化值。

表 2–10　输电线路杆塔滑坡灾害危险度、易损度与风险度评价结果

塔位编号	风险度	风险构成		塔位编号	风险度	风险构成		塔位编号	风险度	风险构成	
		危险度	易损度			危险度	易损度			危险度	易损度
N1	0.078	0.326	0.239	N20	0.206	0.436	0.472	N39	0.069	0.407	0.171
N2	0.155	0.363	0.427	N21	0.217	0.436	0.498	N40	0.156	0.424	0.368
N3	0.193	0.473	0.408	N22	0.224	0.483	0.464	N41	0.142	0.424	0.336
N4	0.194	0.435	0.446	N23	0.191	0.444	0.430	N42	0.141	0.469	0.300
N5	0.264	0.504	0.524	N24	0.226	0.444	0.509	N43	0.108	0.378	0.285
N6	0.236	0.523	0.452	N25	0.243	0.444	0.547	N44	0.169	0.465	0.363
N7	0.323	0.490	0.660	N26	0.215	0.399	0.538	N45	0.165	0.473	0.348
N8	0.273	0.473	0.577	N27	0.298	0.466	0.640	N46	0.180	0.495	0.363
N9	0.215	0.432	0.497	N28	0.193	0.428	0.451	N47	0.193	0.457	0.422
N10	0.167	0.415	0.401	N29	0.260	0.491	0.529	N48	0.168	0.457	0.368
N11	0.235	0.470	0.500	N30	0.264	0.436	0.604	N49	0.213	0.457	0.466
N12	0.245	0.470	0.521	N31	0.248	0.436	0.569	N50	0.198	0.457	0.433
N13	0.203	0.415	0.488	N32	0.313	0.474	0.660	N51	0.286	0.512	0.558
N14	0.228	0.407	0.559	N33	0.220	0.466	0.471	N52	0.209	0.495	0.422
N15	0.280	0.458	0.612	N34	0.282	0.436	0.647	N53	0.302	0.528	0.573
N16	0.294	0.436	0.674	N35	0.210	0.407	0.516	N54	0.164	0.490	0.335
N18	0.207	0.420	0.493	N36	0.193	0.407	0.473	N55	0.103	0.528	0.196
N19	0.241	0.458	0.526	N38	0.133	0.350	0.382				

注　■一低风险性；■一较低风险性；■一中风险性；■一较高风险性；■一高风险性。

（3）输电杆塔滑坡灾害风险评价。滑坡灾害风险评价是对滑坡发生的危险性、灾害损失的可能性做出的综合性分析评价，是在滑坡灾害危险性和承灾体易损性评价的基础上得到的。根据风险评价模型"风险=危险性×易损性"，计算各输电杆塔的滑坡灾害风险值（见表 2–11）。

自然断点法对上述评价结果进行风险分级，划分为 5 级，即低、较低、中、

较高、高风险，见表 2-12。从表 2-12 中可以看出，高风险 9 个，占 16.98%；较高风险 11 个，占 20.75%。滑坡灾害风险的分布趋势和危险度与易损度的分布趋势有所区别，即某些危险度高或易损度高的杆塔，其风险度并不一定高，说明滑坡危险性和易损性都是风险的基础，并不能与杆塔风险等同。

表 2-11　　　　　　　　　输电线路滑坡灾害风险评价标准指标

风险等级	低风险性	较低风险性	中风险性	较高风险性	高风险性
风险度	0.069～0.142	0.142～0.194	0.194～0.228	0.228～0.264	0.264～0.323

表 2-12　　　　　　　输电杆塔危险度、易损度及风险度分级评价结果

等级	危险度	易损度	风险度
低	N1、N2、N38、N43	N1、N39、N43、N55	N1、N39、N43、N55
较低	N4、N9、N10、N13、N14、N16、N18、N20、N21、N26、N28、N30、N31、N34、N35、N36、N39、N40、N41	N3、N10、N38、N40、N41、N42、N44、N45、N46、N48、N54	N2、N10、N38、N40、N41、N42、N44、N45、N46、N48、N54
中	N15、N19、N23、N24、N25、N27、N33、N44、N47、N48、N49、N50	N2、N4、N6、N9、N11、N13、N18、N20、N21、N22、N23、N28、N33、N36、N47、N49、N50、N52	N3、N4、N9、N13、N18、N20、N21、N22、N23、N26、N28、N33、N35、N36、N47、N49、N50、N52
较高	N3、N7、N8、N11、N12、N22、N29、N32、N42、N45、N46、N52、N54	N5、N8、N12、N14、N19、N24、N25、N26、N29、N31、N35、N51、N53	N5、N6、N11、N12、N14、N19、N24、N25、N29、N30、N31
高	N5、N6、N51、N53、N55	N7、N15、N16、N27、N30、N32、N34	N7、N8、N15、N16、N27、N32、N34、N51、N53

（4）输电线路滑坡灾害风险评价结果。根据杆塔的滑坡灾害风险评价结果，将杆塔水平档距范围内线路的风险度用每个杆塔的滑坡灾害风险度来表征，同样采用自然断点法分为 5 级，得到四川某 500kV 同塔双回输电线路滑坡灾害风险分级评价结果（见图 2-23）。级别越高，说明输电线路的风险性越大，滑坡发生的条件越充分，概率越大；承灾体本身结构越复杂，建设难度和造价以及暴露性越高，遭受损害的可能性或受损后恢复的难度越大。

从图 2-23 中可以看出，较高和高风险区主要集中在杆塔 N5～N8、N30～N34 的线路，后期维护时应加强滑坡灾害的监测和排查，有针对性地采取滑坡灾害防护措施，防止线路遭受滑坡灾害的损害；低和较低风险区主要集中在杆塔 N1～N4、N37～N48 的线路，对滑坡灾害应采取相应的监测。

图 2-23　四川某 500kV 同塔双回输电线路滑坡灾害风险分级评价结果图

2.3　地质调查及规划建设支撑技术

2.3.1　基于卫星遥感及地理信息的输电线路选址

在西南地区山区进行高压输电线路选线时，面临地形地貌复杂、地质结构多样、某些区域还大量存在沉降和滑坡等地质灾害问题。在线路选线设计时，在对输电线路所经过的区域地形地貌、地表覆盖类型、地质结构以及土地利用情况有清晰认识的基础上，一方面要按照输电线路设计的通常要求，尽量采用直线以及转角度数较小的转角连接，以缩短线路的长度，节省造价及运行消耗；另一方面线路还应绕避不良地质地段，以保证输电线路工程的安全性，而在纵断面上应尽量减小其坡度，以减少工程施工难度。

传统的输电线路选线设计的工作流程通常分为图上选线、野外踏勘和室内最终确定：

（1）通过搜集和分析线路区域相关资料，在小比例尺地形图（1:10 000 或1:50 000）上选出几个可能的线路方案。

（2）纸上定线之后，进行实地踏勘。

（3）根据踏勘结果，对方案进行修改。如果方案变动较大，就要进行重新野外踏勘。

（4）经过反复比较确定一个较为经济、合理的路线方案。

传统选线方法在很大程度上取决于选线人员的经验，费时费力，设计周期长，投入大。这种平面地图通过等高线、地物边界线或特定符号表现地形、地貌以及地物情况，其缺点是缺乏立体感、不直观。另外，即使设计人员到达现场，但由于视野的局限性也无法对线路的方案有一个宏观性的把握。加之地形图往往难以及时更新，1:10 000 或 1:50 000 地形图的成图时间都比较早，较为理想的成图时间是 20 世纪八九十年代，相当一部分地形图的成图时间甚至在 20 世纪六七十年代，这些地形图的可用性差。随着经济飞速发展，新建的高速公路、工厂、机场等大型地物在这些地形图上均无反映。所以传统的选线方法常常需要对原来设计的方案进行多次修改，严重影响工程进度，难以满足快速、准确的要求。

随着计算机图形处理技术的迅猛发展，遥感技术结合可视化和虚拟现实技术为研究制作具有高度真实感的可量测的地形三维立体模型，实现三维可视化工程设计提供了可能。在遥感技术与三维可视化技术的基础上进行输电线路的勘察设计，使大量工作在室内完成，大量减少野外工作量和工作时间，有效地缩短设计工期，节约人力和财力，推动电网建设的高速发展。

基于卫星遥感、地理信息技术和三维可视化技术，开展输电线路选线，其工作流程如图 2-24 所示。

1）采集工作区范围内基础数据包括遥感数据、地形图、DEM、区域地质调查、水文地质调查、工程地质勘查、矿产资源勘查、地质灾害调查与区划和土地利用规划等基础资料，将基础数据矢量化，并且与遥感图像进行配准，形成工作的合成遥感数据。

2）通过分析工作区内的基本数据，初步建立室内解译标志，并基于 DEM 数据将遥感数据和其他基础数据进行三维可视化，在三维视图下提取工作区内的地质构造、地层岩性、不良地质作用、地貌、矿产等专题信息，对局部区域进行重

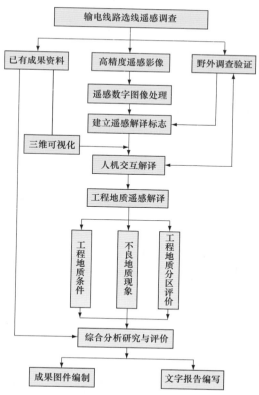

图 2-24 输电线路选线工作流程

点解译，对解译的疑点和难点做出总结。

3）野外检验室内解译成果，对不良地质作用做重点调查，收集社会经济等资料。

4）修编解译成果，运用前期工作数据，开展走廊带不良地质作用分区和工程地质分区及评价，就影响线路的各个因素进行综合分析。

依托四川某500kV输电线路工程地质遥感调查研究，对基于卫星遥感、地理信息技术和三维可视化技术开展的输电线路工程地质遥感调查关键技术进行介绍。

2.3.2 国内外地质调查技术

（1）卫星遥感技术。卫星遥感把遥感技术推向了全面发展和广泛应用的崭新阶段，高光谱遥感技术、微波遥感技术、激光雷达技术和偏振探测技术是目前遥感的最新发展技术。目前，卫星遥感的多传感器技术，已能全面覆盖大气窗口，传感器探测的波段范围不断延伸，波段的分割越来越精细，从单一谱段向高光谱段发展；成像雷达所获取的信息也向多频率、多角度多极化、多分辨率的方向发展；各种传感器的空间分辨率不断提高，如法国 SPOT–5 空间分辨率最高可达 2.5m，美国 IKONOS 遥感卫星影像含有 1 个分辨率为 1m 的全色光谱波段和蓝、绿、红与近红外 4 个分辨率为 4m 的多光谱波段，美国 QuickBird 最高空间分辨率分别达 0.61m，美国 WorldView–3 分辨率则达到了 0.31m，中巴地球资源卫星（CBERS）02B 可提供 2.36m 高分辨率的全色数据（见表 2–13）。这使得卫星遥感影像与航空遥感影像在空间分辨上具有可比性，使卫星遥感技术可以更快速、更精密，且更详细地获取地表信息，从而得以在工程应用领域也有了突破性发展。高分辨率全色和多波段影像不仅能解译出区域地表的各种最新的自然、经济现象，而且通过多时段和多波段遥感信息分析，可获取详细的工程地质、水文、地貌变化、地质灾害、自然灾害等多种信息。如 IKONOS 图像的定位精度使之无须野外工作即可直接生成 1:10 000 数字地形图，仅用少量野外控制点且不必严格控制点位分布即可生成 1:5000～1:2000 数字地形图，这对困难地区获取地面数据具有很高的价值，而且由于视点高，其摄影死角比航摄更少，可获取更隐蔽地区的资料，其卫星影像的像幅比同分辨率的常规航空摄影宽 4～6 倍。因此更有利于线路走廊带优化选择。由于遥感具有获取资料和数据的范围大，获取信息的速度快、周期短，获取信息时受限制条件少，获取信息的手段多、信息量大等特点，已经成为获取地球资源与环境信息的重要方式，在各个领域应用也越来越广泛。

表 2-13　　　　　　　　　　　　　　全球主要商业卫星参数

国家（公司）	卫星	发射日期	全色分辨率（m）	多光谱波段	出图比例
美国 Digitalglobe	WorldView-1	2007.9.18	0.45（0.5）	—	1:2000
	WorldView-2	2009.10.9	0.41（0.5）	蓝/绿/红/近红外+红边/海岸/黄/近红外2	1:2000
	WorldView-3	2014.8	0.31	蓝/绿/红/近红外+红边/海岸/黄/近红外2	1:2000
	QiuckBird	2001.10.18	0.61	蓝/绿/红/近红外	1:2000
美国 GeoEye	GeoEye-1	2008.9.6	0.41	蓝/绿/红/近红外	1:2000
法国	Pléiades	2011.12.17	0.5	蓝/绿/红/近红外	1:2000
美国洛克希德马丁	IKONOS	1999.9.24	1	蓝/绿/红/近红外	1:5000
日本陆地卫星	ALOS	2006.1.24	2.5	蓝/绿/红/近红外	1:50 000
法国	SPOT-6	2012.9.22	1.5	蓝/绿/红/近红外	1:10 000
	SPOT-5	2002.5	5（2.5）	绿/红/近红外/短波红外	1:50 000
	SPOT-4	1998.3	10	绿/红/近红外/短波红外	1:100 000
	SPOT-2	1990.1	10	蓝/绿/红/近红外	1:100 000
德国	RapidEye	2008.8		蓝/绿/红/红边/近红外	1:50 000
美国陆地卫星	LANDSAT-7（ETM）	1999.4.15	15	蓝/绿/红/红边/近红外/短波红外/热红外	1:100 000
	LANDSAT-5（TM）	1984.3.1	—	蓝/绿/红/红边/近红外/短波红外/热红外	1:200 000
中国	天绘一号	2010.8.24	2	蓝/绿/红/近红外	1:50 000
	资源三号	2012.1.9	2.1	蓝/绿/红/近红外	1:50 000
	高分一号	2013.4.26	2	蓝/绿/红/近红外	1:50 000
	高分二号	2013.4.26	1	蓝/绿/红/近红外	1:10 000

（2）地理信息系统技术。地理信息系统（Geographic Information System，GIS）是一种采集、处理、传输、存储、管理、查询、检索、分析、表达和应用地理信息的计算机系统，是分析、处理和挖掘海量地理数据的通用技术。GIS能够管理并描述地表及其上附着物的空间信息与属性信息，它具有强大的图形、图像及属性数据处理能力，能够对地理信息及其相关信息提供采集、处理、管

理、报表等功能，同时，它还具备强大的空间分析功能，如叠置、缓冲、地理编码及网络分析等。GIS 最初主要用于环境监测及资源调查领域，随着 GIS 技术的日渐成熟，它逐渐被应用于交通、电信、电力、国土、应急抢险及决策支持等领域。

国外对 GIS 技术研究起步较早，理论较为成熟。20 世纪 60 年代中期，加拿大建立了世界上第一个地理信息系统，此后，在美国、西欧、日本等发达国家地区地理信息系统的应用遍及环境保护、资源保护、灾害预测、城市规划建设等众多领域。GIS 软件的研制与开发也取得显著成果，涌现了诸如 ARC/INFO、MAPINFO 等著名的商业软件。我国的地理信息系统研究与应用始于 20 世纪 80 年代初，已取得了重要进展和实际应用效益：① 以研究资源与环境信息的国家规范和标准、省市县级的规范和区域性的规范为主体，解决信息共享与系统兼容的问题。② 开展全国性的自然资源与环境、国土和水土保持信息系统的建立和应用模式。开展结合水保、洪水预警和救灾对策、防护林生态和城市环境等方面区域信息研究。③ 研制和发展软件系统和专家系统，从技术上支撑上述研究领域的开拓与发展。至今，已在全国范围内形成了地理信息系统的科研队伍，大中小城市的城市地理信息系统和土地利用信息系统、资源管理信息系统等专题的地理信息系统逐步建立和投入使用，在城市规划管理、交通运输、测绘、环保、农业、制图等领域发挥了重要的作用。

经过二十多年的发展，我国 GIS 在理论、技术方法和实践经验等方面都有了长足的进步，涌现出了一些比较成熟的商业软件，如 MapGIS、SuperMap 和 GeoStar 等。随着科技的发展，GIS 发展的势头越来越迅猛，呈现出了良好的发展趋势，主要表现在以下几个方面：

1）三维 GIS（3DGIS）与四维 GIS（4DGIS）。现有的 GIS 软件虽然可以用数字高程模型来处理空间实体的高程坐标，但是由于无法建立空间实体的三维拓扑关系，使得很多真三维操作难以实现，因而将现有的 GIS 称为 2DGIS 或 2.5DGIS。地质、气象、环境、地球物理、水文等众多的应用领域都需要三维 GIS 平台来支持大量的真三维操作。运用空间可视化技术和虚拟现实技术进行地形环境仿真，真实再现工程环境，用于交互式观察和分析，以提高对地形环境的认知效果，是今后三维 GIS 可视化发展的重点。

4DGIS 一般是指在原有的 3DGIS 基础上加入时间变量而构成的 GIS。许多人认为地质特征是不变的，但实际上大部分地质特征是动态的、变化的，不是所有地质情况都是变化缓慢的，水灾、地震、暴风雨以及滑坡都会使局部地质条件发生快速而巨大的变化。地质学家对 4D 的空间—时间模型尤感兴趣。但是，增加一维将带来一些问题，比如数据量的几何级数增长，致使数据的采集、存取、处理都带来一系列的问题。不过，这些问题可以随计算机技术、数据库技术以及相关电子技术的发展而得到解决。因此，如何设计 4DGIS 并运用它来描述和处理地理对象的时态特征是一个重要的发展领域。

2）网络 GIS。随着 Internet/Intranet 的迅速发展，利用 Internet 技术在 Web 上发布空间数据或用户通过 Internet 浏览空间数据是 GIS 发展的必然趋势。事实上，万维网（WWW）已经成为 GIS 新的操作平台。由于网络技术还有很大发展空间，这也会给 WebGIS 带来发展机遇。

3）智能 GIS。GIS 经过多年的发展已逐渐成熟，但其应用还主要停留在数据库、空间叠加分析上，缺乏知识处理能力和推理能力。智能 GIS 是指与专家系统（Expert System，ES）、神经网络、遗传算法等相结合的 GIS，它实际上是专家系统在 GIS 中的应用，它将在解决如城市规划与管理、交通运输管理、生态环境管理等问题时起到非常重要的作用。

4）GIS 集成化。地理信息系统作为一门应用性很强的综合性学科，它是由地理信息科学、地理学、地球系统学、管理学、遥感技术、全球定位技术、计算机技术和通信技术等科学技术相互渗透而发展起来的一门新兴边缘学科。GIS 是在同这些技术集成中体现它的价值，随着这些相关学科和技术的发展，GIS 必将得到发展。

5）组件 GIS。GIS 软件大多数都已经过渡到基于组件的体系结构。一般都采用 COM/DCOM 技术。组件体系结构为 GIS 软件工程化开发提供了强有力的保障。一方面组件采用面向对象技术，软件的模块化更加清晰，软件模块的重用性更好；另一方面也为用户的二次开发提供了良好的接口。

6）移动 GIS。随着计算机软、硬件技术的高速发展，特别是 Internet 和移动通信技术的发展，G1S 由信息存储与管理的系统发展到社会化的、面向大众的信息服务系统。移动 GIS 是一种应用服务系统，其定义有狭义与广义之分，狭义的移动 GIS 是指运行于移动终端（如 PDA）并具有桌面 GIS 功能的 GIS 系统，它不存在与服务器的交互，是一种离线运行模式。广义的移动 GIS 是一种集成系统，是 GIS、GPS、移动通信、互联网服务、多媒体技术等的集成。

（3）遥感图像三维可视化技术。可视化技术是 20 世纪 80 年代末期提出并发展起来的一门新技术，它是利用计算机图形图像处理技术将科学计算过程及计算结果的数据和结论转化为图形信息（或几何图形）。三维可视化技术是基于数字地形模型（Digital Terrain Model，DTM）或数字高程模型（DEM），在计算机界面下实现地表物体的简化、显示、仿真等的技术。它的应用涉及 GIS、虚拟现实、地形的穿越飞行（flythrough）等领域。随着"数字地球"计划的提出，大规模数字地形的可视化已成为近年来国内外众多学者的研究热点之一。三维可视化技术与虚拟现实技术、遥感技术相结合，使 DEM、数字正射遥感影像（Digital Orthophoto Map，DOM）及其他感兴趣的信息，在空间坐标配准的前提下，进行叠加，使二维平面信息得以在计算机界面下三维仿真再现，使地表信息更形象生动，地物三维空间分布格局更清晰，信息提取更准确可靠，分析决策更直观。勘察、设计人员在三维立体模型上进行线路的踏勘、选线等各种工作。目前遥感三维可视化及影像动态分析技术已经在数字区调、机场、公路、铁路工程建设、滑坡灾害防治等领域开始得到应用。Google Earth 就是一个将遥感技术、三维可视化技术、虚拟现实技术、网络技术相结合得很好的例子。

高精度的遥感三维可视化动画，对于宏观观察者而言，其实际效果相当于乘坐在一定高度的飞行器上进行航空路线观察（飞行高度可调）；对于遥感图像解译者而言，高精度的遥感三维可视化动画提供了可供反复使用的真实、客观、信息连续的宏观分析地面景观影像。采用遥感信息的智能化识别和信息分类提取技术，获取所需要的工程地质信息，结合 GIS 的空间分析将三维影像直接应用于路线方案的设计中，直观地进行铁路选线边坡设计、路线平纵参数设计、计算工程量；再利用虚拟现实技术，进行三维模拟飞行，预览路线实地景观，实现室内选线并渗入铁路工程勘察设计的各个环节进行仿真设计。通过虚拟现实中的各种景观模型，如地形、地物、线路构造物等，使设计人员以非常直观的形式看到自己的各种设计方案，具有仿佛置身于现实世界一样的临境感。辅助设计者进行分析、评价、规划或决策，以得到选线最优解，从而提高设计速度和设计质量。铁路线路的三维可视化设计为铁路设计的方案审查与评估、铁路设计方案的招投标审查和铁路设计方案环境影响评价等工作提供了确切的可视化手段，有广阔的应用前景。

2.3.3 遥感图像数字处理技术

遥感图像数字处理技术是遥感图像信息处理的最主要技术之一，它与人机结合的目视判释相结合，可以完成各种遥感专题信息提取工作。遥感图像数字处理结果的好坏会直接影响后期图像解译的效果和制图精度。因此，在进行遥感图像解译之前必须选择适当的图像处理方法，对原始的遥感图像进行数字处理，制作出高质量高精度的遥感图像。遥感图像数字处理是输电线路工程地质遥感信息提取工作中的重要环节。图像处理的目的是对原始遥感图像进行辐射校正、几何校正和投影差改正、地理编码、图像镶嵌、图像增强、不同数据源的遥感图像数据融合等，最终制作出统一规格标准的高质量遥感图像，提高图像识别率，获取各种环境和地质的准确信息，提高前期勘查工作遥感地质解译应用效果。例如，为了获取某种地质构造信息，常常对卫星数据进行比值增强处理，突出隐伏的地质构造；为了确定某滑坡的边界范围，常常进行边界增强处理，突出滑坡区域和非滑坡区的界限，以便量算滑坡区域的面积；为了区分研究范围内不同类型的地物，常常进行增强和分类处理等。

（1）影像正射校正。在遥感成像时，由于各种因素的影响，使得遥感图像存在一定的几何畸变，这些畸变图像的质量和应用，必须进行消除。几何变形是指图像上的像元在图像坐标系中的坐标与其在地图坐标系等参考系统中的坐标之间的差异，消除这种差异的过程称为几何校正（Geometric Correction）。几何校正包括消除遥感图像的倾斜误差等（几何校正）和因地形起伏引起的投影误差（正射校正）两方面。

建立校正变换函数的方法一般可分成两类：① 利用控制点数据建立影像坐标和大地坐标之间的数字模型，如多项式拟合、共线方程、有限元法和随机场中的最小二乘预测法等，称为控制点法。此方法的优点是原理直观，计算较为简便，特别是对地面相对平坦的情况，具有较好的校正精度。因为方法本身回避了成像的具体过程，而直接对影像的几何失真进行数学模拟，因此，这种方法原则上对各种类型的几何畸变的校正都是有效的。但是，地面控制点的测量需要专门的仪器设备和专业操作人员，所花费的时间也很长特别是在没有或缺少明显的标点的情况下，控制点参数无法获取。② 利用卫星的轨道、姿态参数、相机参数等直接推导卫星图像成像的解析关系，通过解析公式计算对应卫星图像点的大地坐标，此方法称为模型法。模型法的优点是不需要地面控测点参数，因此节省了时间，并便于推广，但由于参数本身测量误差较大，校正精度不高。

SPOT–5 等高精度卫星遥感图像投影方式为多中心投影，其边缘地物变形程度大，由于其精度较高，若不经正射校正将两幅高精度影像镶嵌起来，在拼接处便会有明显的地物错位现象。ERDAS 软件提供了专门针对高精度卫星影像的正射校正模型，其具体校正过程如下：

1）在 ERDAS 图标面板工具条中单击 Data Prep 图标，然后单击 Image Geometric Correction 按钮，打开 Set Geo Correction Input file 对话框，其正射校

正设置界面如图 2-25 所示。

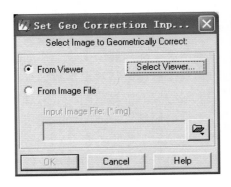 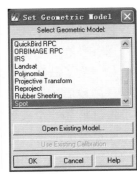

图 2-25　正射校正设置界面

2）在对话框中确定被校正的遥感图像，然后跳出对话框 Set Geometric Model，在此选择校正模型，这里用的是 SPOT 模型。

3）模型确定后，单击 OK 按钮，出现新对话框 SPOT Model Properties（SPOT 模型参数设置），在 Parameters 选项中，type 选择 XS/XL（多波段），Elevation Source 选项中选择 File，打开相对应的 DEM 文件，在投影参数选项中，设置合适的投影坐标系，其他选项默认。

4）在相关投影参数设置之后，单击 Close 按钮，出现 GCP Tool Reference Setup 对话框，这里主要是选择参考文件，这个参考文件必须有地理坐标且和待校正图像有共同区域，以便待校正的 ETM 遥感图像进行几何校正，一般情况下，该参考文件为水系图，在处理过程中，选择的参考文件也是水系图。

5）参考文件确认后，单击 OK 按钮，进入下一界面 Reference Map Information，这个对话框主要是查看参考文件的投影信息，原则上，前面 SPOT 模型属性对话框中设置的投影参数应该和此对话框中投影信息一致。

6）对参考文件投影参数确认后，单击 OK 按钮，进入控制点采集界面（见图 2-26），按照前述地面控制点的选取原则和方法进行采集，最后进行校正，校正过程中，误差限制在 0.5 个像元内，符合要求，SPOT-5 正射影像与 5 万等高线与水系复合如图 2-27 所示。

（2）图像分辨率融合。遥感影像分辨率融合是一种通过高级影像处理技术来复合多源遥感影像数据的技术，其目的是将单一传感器的多波段信息或不同类传感器所提供的信息加以综合，消除多传感器信息之间可能存在的冗余和矛盾，加以互补，降低其不确定性，减少模糊度，以增强影像中信息透明度，改

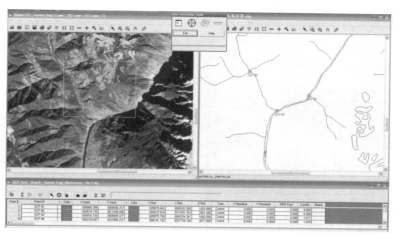

图 2-26　ERDAS 正射较正控制点采集界面

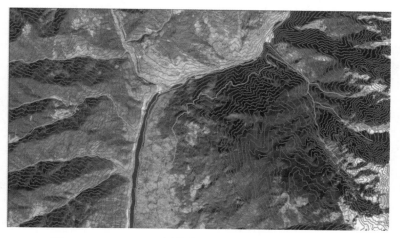

图 2-27　SPOT-5 正射影像与 5 万等高线与水系复合图

善解译精度、可靠性以及解像力，以形成对目标完整一致的信息描述。不同类型遥感影像之间的融合处理，必须具备四个条件，即：① 融合影像数据应包括不同空间和光谱分辨率；② 融合影像数据应是同一区域；③ 影像应精确配准；④ 在不同时间获取的影像中，其内容没有大的变化。

常见的影像融合方法有：以像元为基础的加权融合、IHS 色彩空间变换融合、基于小波理论的特征融合、基于贝叶斯法则的分类融合以及以局部直方图匹配滤波技术为基础的影像数据融合等。但是，大多数遥感图像数据融合的方法在增强空间分辨率的同时以损失原始图像的光谱分辨率为代价，即结果图像的色彩效果并不是最佳。根据相关目标区实际情况，经过对比分析发现采用了基于主成分融合变换方式，取得了较好的图像效果，前后对比如图 2-28 和图 2-29 所示。

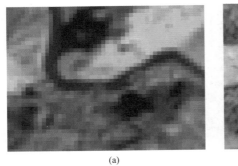
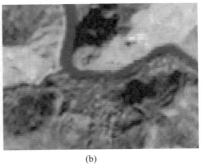

(a)　　　　　　　　　　　　　　(b)

图 2-28　ETM 全色波段与多光谱波段融合前后对比图

（a）融合前；（b）融合后

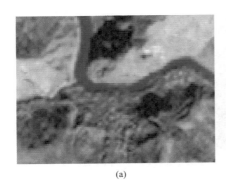
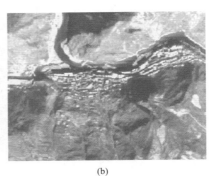

(a)　　　　　　　　　　　　　　(b)

图 2-29　SPOT-5 全色波段与 ETM 全色融合后多光谱波段融合前后对比图

（a）融合前；（b）融合后

通过融合方法的分析可以看出，主成分融合方法处理的结果无论在图像整体格局，还是在反映地物的细节方面及色调层次都明显优于融合前。由于区域地质调查本身的特点和特殊性决定了所需要的遥感图像既要有较高的空间分辨率，又要有较高的光谱分辨率和时相分辨率。因此，主成分融合方法处理的图像可以作为区域地质调查的基本图件。

（3）图像镶嵌。数字正射影像镶嵌是将两幅或多幅数字正射影像（它们有可能是在不同的摄影条件下获取的）拼在一起，构成一幅整体图像的技术过程。数字正射影像镶嵌与拼接是图像处理中的一个重要问题，具有广泛的应用背景。

在实际工作中，工作区往往覆盖几景遥感图像，或购买的遥感图像由于季节或气候的原因，某些图幅的质量较差（如多云或被雪覆盖严重），因此，要对不同的图像进行镶嵌处理。

镶嵌处理一般应具备三个基本条件，即信息丰富、色调和谐及镶嵌的几何精度高。为满足这些条件，最理想的做法是选择几何畸变小、图像质量高（无噪声、无云覆盖）、获取时间相同或相近的图像进行镶嵌。在通常条件下，这种理想的选择是难以办到的，因为：① 遥感图像数据（例如 SPOT–5 数据）价格很高，在经费有限的情况下，一般没有能力去选购时相相同或相近的高质量图像，一般采取使用现有磁带数据的办法，因而在时相和质量上基本上没有选择余地；② 即使有能力购买相同时相的图像数据，但因某些图像云量过大或噪声太大，也不得不去选购质量较高但时相不同的图像。由于各方面条件的限制，大多数情况是对不同时相的遥感正射影像图进行镶嵌，镶嵌前后对比如图 2–30 所示。

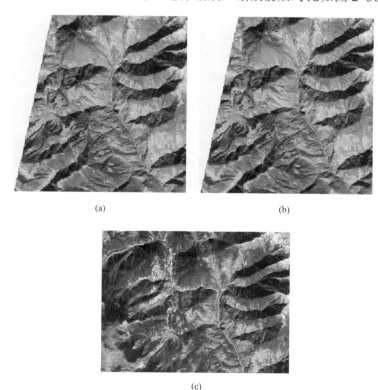

(a)　　　　　　　　　　　　　(b)

(c)

图 2–30　SPOT–5 镶嵌前后对比图

（a）时相 1；（b）时相 2；（c）镶嵌

2.3.4 输电线路选址遥感三维可视化

为了增强遥感解译效果和成果演示的直观性，采用建立三维模型的方法，进行遥感三维可视化飞行。利用等高线、高程点构建工作区DEM，通过坐标和投影匹配，实现遥感图像与立体模型的叠加，增加地名标注和线路等信息，通过模型场景设置制作效果优良的三维演示图。

随着"3S"❶技术的发展，三维虚拟现实数据在国民经济各部门中正发挥着越来越重要的作用，特别是对于宏观的决策来说更为重要。我国西部地区山高路险、环境恶劣、交通不便，许多地区地质调查工作十分艰难，甚至人车无法到达。遥感图像三维可视化及影像动态分析目的就是综合利用"3S"技术、遥感图像数字处理技术、虚拟现实和全数字摄影测量等高科技技术，通过遥感图像正射处理、多源遥感图像数据融合、高精度DEM生成和影像复合等工序，按照一定比例尺和飞行路线生成测区的虚拟三维影像动画系列图，以解决西部地区地质调查面临的实际问题，弥补其不足。

高精度的三维影像动画系列图，对于宏观观察者（如领导干部、项目决策者等）而言，其实际效果相当于乘坐在一定高度的飞行器上进行航空路线观察；对于遥感图像解译者具体的区调工作人员而言，高精度的三维影像动画系列图提供了可供反复使用的真实、客观、信息连续的宏观分析地面景观影像。遥感图像三维可视化及影像动态分析方法为铁路沿线地质调查工作开拓了新的工作思路，对加快铁路地质勘察工作现代化进程具有重要意义和实用价值。

（1）数据源特征。结合野外勘察和选线需要，对四川某500kV输电线路全线（110余千米）进行了三维可视化制作。线路的数据源情况如下：

1）遥感影像：纠正过的SPOT融合影像，img格式，分辨率为5m，数据量为400MB；

2）等高线（DEM数据源）：1:100 000数据，等高距为40m；

3）其他矢量数据：1:200 000基础地质图，包括地层岩性、地质构造和遥感地质解译的地质灾害点和边界线。

（2）DEM模型制备。四川某500kV输电线路目标区DEM数据是由10万Coverage格式的等高线转换生成的，由于ERDAS中的DEM数据为img格式，这就需要在ERDAS中利用"Create Surface"将转入的Coverage数据生成DEM，生成过程中在选择"Attribute For z"时要选择Coverage的"ELEV"属性字段，

---

❶ 3S指RS、GIS、GPS，RS（Remote Sensing，遥感技术）。

采样数据的格网间距为 5m。在二维 Viewer 窗口中打开 DEM 手工设置 DEM 的坐标投影信息。目标区数字高程模型如图 2-31 所示。

（3）矢量数据制备。ERDAS 中的矢量数据格式为 Coverage 或 Shape，因而要先在 ArcGIS 下将矢量数据转为 Coverage 或 Shape 格式，并利用处理矢量数据的"Symbology for vector"根据属性字段的不同设置不同的线型和颜色，设置保存为 evs 格式文件，以方便三维可视化制作的调用。

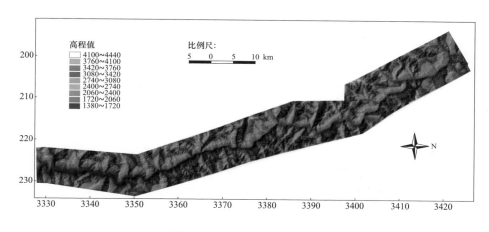

图 2-31　目标区数字高程模型

（4）注记制备。为了使遥感影像三维可视化更能表达和传达信息，需要在其中标记注释性的文字。为方便设置注记，在 Viewer 中新建的"Annotation layer"是利用注记编辑工具直接编辑的。注意，注记大小的单位应设置为 map，否则在三维显示时将出问题。

（5）遥感图像三维可视化制作。3D 模型的建立，是应用纹理映射技术来实现的。所谓纹理映射就是把纹理空间的坐标系映射到多边形坐标系，将纹理图像黏贴于几何图形表面来增强图形的真实感的一种计算机技术。这种技术既能提高场景的丰富度，又不影响几何图形本身的复杂度。在映射的过程中，务必使 DEM 模型和纹理图像具有相同的投影方式和相同的地理坐标，这样才能使二者完全映射在一起，来逼真地模拟地貌形态。具体过程在 Erdas Imagine 的 Virtual GIS 模块中实现。

三维可视化制作是充分发挥计算机图示技术、虚拟现实技术的优势，在数字正射影像和 DEM 的基础上进行制作的。数字正射影像的校正精度将直接影响三维可视化制作精度。

三维可视化制作要求的软硬件环境为软件为 Windows XP、ArcGIS 9.0、ERDAS IMAGINE，硬件为 P4（CPU 3.0GB，硬盘 160GB，显存 128MB）。

在上述遥感图像处理的基础上，应用 ERDAS 的 VirtualGIS 对四川某 500kV 输电线路进行了遥感图像的三维可视化制作。

三维可视化制作过程如下：

1）在 VirtualGIS 菜单下打开 Virtual GIS Viewer，首先在 File—Open—DEM 下，打开数字高程模型，这里的数字高程模型要求在前期处理过程中已经有了地理坐标和投影。

2）在 File—Open—Rster Layer 下打开遥感影像图，此时，遥感影像图已经叠加到了数字高程模型上了，在 File 菜单下，单击 Save—Project as，将其保存为工程文件，命名 fly.vmp。

3）在 View 菜单下，打开 Create overview viewer—Linked，此时跳出和三维图像界面相对应的平面影像图（见图 2-32）。

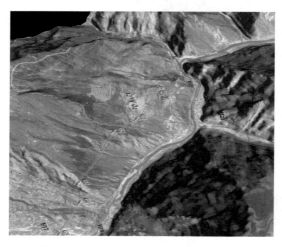

图 2-32 ERDAS 8.7 下三维飞行界面

4）在 Navigation 菜单下，打开 Flight Path Editor（飞行路线编辑器），在出现的界面中，单击 Utility 菜单下的 Digitize Flight Path，跳出一对话框，然后单击刚才打开的二维平面界面，在此界面中编辑飞行路线，最后双击结束路线选择，ERDAS 下三维飞行相关界面如图 2-33 所示。

5）在 Flight Path Editor 界面中设置飞行高度、飞行速度等，一般情况下，

FOV 选项设置为 90～120，Look Azimuth 设置为 0，ASL 为飞行的海拔，要根据目标区的海拔进行设置，这里设为 5000m，Look Pitch 参数一般设置为–30～–50，根据情况设置，这里设置为–42，Speed 参数主要是对飞行速度的设置，设置为 30km/h，全部参数设置完毕后，保存工程。

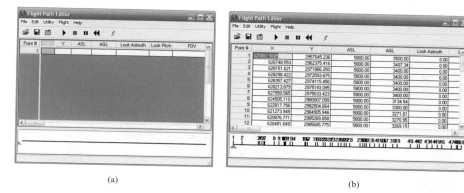

(a) (b)

图 2-33　ERDAS 下三维飞行相关界面
（a）飞行路线选择前；（b）飞行路线选择后

6）对三维影像的录制：打开 Virtual GIS 模块下第三个选项 Create Movie，出现对话框，输入刚才保存的工程文件名 allabove.vmp，输入要生成的播放文件名称，即可录制。录制生成的数据格式为 avi 格式，数据量比较大，可以在录制完成后利用视频压缩软件进行压缩，一般采用 MPG 格式进行压缩，压缩比可达到十分之一。图 2-34 为四川某 500kV 输电线路三维飞行的效果图。

图 2-34　四川某 500kV 输电线路三维飞行的效果图

2.3.5　输电线路选址 GIS 空间数据库

GIS 空间数据库主要涉及等高线、高程点、地名注记、河流、道路、居民点等建库参数，以及基于等高线建立的 DEM。等高线、高程点、地名注记、河流道路、居民点等是编制工作区工程地质图的基础数据源；DEM 是构建工作区三维模型的基础数据源（见图 2-35～图 2-37）。

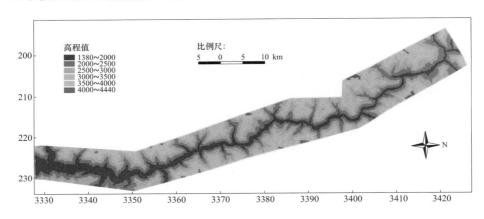

图 2-35　工作区高程分级图

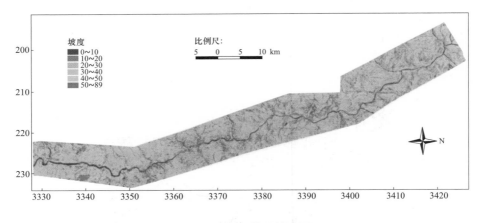

图 2-36　工作区坡度图

利用 MAPGIS 地理信息系统软件矢量化工作区内基础地理要素（含计曲线、首曲线、高程点、河流、道路、居民点以及相关地名注记），并自动输入等高线的高程值和高程点的高程值。

将经过质量检查的等高线和高程点数据转换为 ARCGIS 的 coverage 格式数

据，在 Workstation 环境下自动生成格网 DEM，为工作区三维立体影像生成和三维分析提供基础数据源。

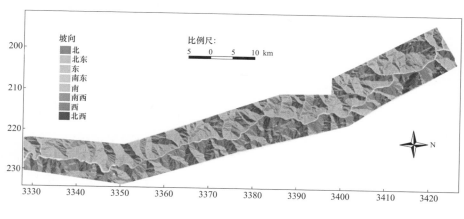

图 2-37 工作区坡向图

2.3.6 输电线路选址不良地质现象遥感解译

工作区不良地质作用主要解译了滑坡、崩塌和泥石流。这些地质灾害在本区较为发育，对输电线路有一定的危害性。传统的地面调查方法，由于视野所限或交通不便等给区域地质调查带来许多困难。而利用遥感图像判释调查，可以直接按影像勾绘出范围，并确定其类别和性质，同时还可查明其产生原因、规模大小、危害程度、分布规律和发展趋势。对崩塌、滑坡和泥石流等地质灾害的判释是工程地质判释的重点，也是工程地质判释内容中效果最好的。在航片上或大比例尺卫星图像上地质灾害判释效果较好。根据遥感数据的时间和空间特征，采用 SPOT-5 全色影像和 ETM 多光谱影像相结合的解译方法，在黑白 SPOT-5 全色影像圈定亮色调区域，根据其展现的形态特征，结合 ETM 多光谱影像上展现出的彩色调，判定不良地质作用的位置及基本特征，结合区域地质解译和调查的成果，进行不良地质作用成因分析。共解译不良地质体 44 处，其中滑坡点 19 个、泥石流 13 个、崩塌（危岩）7 处、不稳定斜坡 5 个，取得了较好的效果。

（1）滑坡地质灾害的判释。滑坡是最常见的一种坡地重力地貌类型，一般具有明显的地貌特征。滑坡的解译主要是通过形态、色调、阴影、纹理等进行的。判释时除直接对滑坡体本身做辨认外，还应对附近斜坡地形、地层岩性、地质构造、地下水露头、植被及水系等进行判释。

1）滑坡判释特征。滑坡的判释是斜坡变形现象判释中最复杂的一种，自然界中的斜坡变形千姿万态，特别是经历长期变形的斜坡，往往是多种变形现象的综合体，这就给古滑坡的判释带来了困难，尤其是巨型的古滑坡，其特有的形态特征破坏殆尽，更增加了判释的难度。因此，在判释滑坡之前，首先应对滑坡的形成规律进行研究，以避免判释时的盲目性，使判释工作更容易开展，但对大部分滑坡来说，根据其独特的滑坡地貌，是比较容易辨认的。

由于岩性、构造、地下水活动和滑坡体积等条件不同，滑坡以不同形状下滑，典型的滑坡在 SPOT-5 图像上的一般判释特征包括簸箕形（舌形、似 V 字形、不规则形等）的平面形态、个别滑坡可以见到滑坡壁、滑坡台阶、滑坡舌、滑坡周长、滑坡台阶、封闭洼地等。最明显的特征是滑坡体与后壁、两侧壁构成的圈椅状地形，滑坡体在滑动前及滑动过程中，滑坡体前、后缘、两侧及中部均会产生裂隙。首次滑动以后这些裂缝在地表水和其他应力作用下发育成大小不等的冲沟（见图 2-38 和图 2-39），图 2-39（a）可见滑坡呈簸箕形和舌形，形态明显，边界可见滑坡壁，内部凹凸不平，滑坡产生不久；图 2-39（b）可见该滑坡上的小路和治理的工程措施。这些冲沟在遥感图像上表现为明显的带状阴影和色调差异。根据这些影像特征来识别滑坡体上沟谷的展布规模、条数、切割深度、沟内分布物等。

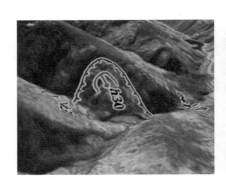

图 2-38　滑坡三维遥感影像

2）滑坡稳定性的判释。判断滑坡稳定性的方法很多，概括起来可分为工程地质法和力学平衡计算方法两种。

利用 SPOT-5 遥感影像图判释滑坡的稳定性是依赖于工程地质法的原理，主要是通过地貌的分析方法大致确定滑坡的稳定性。

(a)   (b)

图 2-39   滑坡 SPOT-5 全色影像和快鸟三维影像特征
（a）SPOT-5 全色影像；（b）快鸟三维影像

a. 滑坡体地形破碎，起伏不平，斜坡表面有不均匀陷落的局部平台。

b. 斜坡较陡且长，虽然有滑坡平台，但面积不大，有向下缓倾的现象。

c. 有时可见到滑坡体上的裂缝，特别是黏土和黄土滑坡，地表裂缝明显，裂口大。

d. 滑坡地表湿地、泉水发育。

e. 滑坡体上的植被与其周围的植被有较大区别。

走廊带滑坡（不稳定斜坡）简表见表 2-14。

表 2-14   走廊带滑坡（不稳定斜坡）简表

编号	灾害名称	地理位置	规模	易发性	与线路位置关系及影响
H01	姑咱镇大杠滑坡	康定县姑咱乡大杠村	大	高	位于沟谷两侧，无影响
X01	下瓦斯村不稳定斜坡	康定县姑咱镇下瓦斯村	中	中	与拟选送电线路平距 400m，无影响
H02	羊厂沟滑坡	康定县姑咱镇黄金坪村	中	小	距两侧塔位较远，且其稳定性较好，不会对两侧塔位产生影响
H03	孙家沟滑坡	康定县舍联乡舍联村	小	小	与拟选输电线平距为 393m，在输电线东侧，对拟选输电线无影响
H04	孟子坝滑坡	康定县舍联乡长河坝村	中	小	大渡河对岸，无影响
H05	舍联乡大鹰嘴滑坡	康定县舍联乡大鹰嘴村	中	中	距拟选线路较远无直接影响

编号	灾害名称	地理位置	规模	易发性	与线路位置关系及影响
X02	长河坝不稳定斜坡	康定县舍联乡大鹰嘴村	大	中	与 X03 一起对线路起控制性作用，建议改线
X03	大鹰嘴村不稳定斜坡	康定县舍联乡乡大鹰嘴村	中	中	与 X02 一起对线路起控制性作用，建议改线
H06	柴山滑坡	康定县舍联乡江嘴村	中	小	电线路远离该灾害点，所以无影响
X04	下索子不稳定斜坡	康定县舍联乡乡江嘴村	中	中	距离较远，无影响
H07	四家寨滑坡	康定县舍联乡江嘴村	中	中	G41～G42 段跨越滑坡 H07，滑坡对两侧拐点无直接威胁，G41、G42 间距 1370m，跨越沟谷且通视，中间无须架塔，因而滑坡对线路无影响
H08	孔玉乡门坝村滑坡	康定县孔玉乡门坝村	中	小	G34～G35 段跨越滑坡 H08，对线路有一定影响
H09	阿斗沟滑坡	康定县孔玉乡门坝村	中	高	线路与 H09 距离 180m，滑坡滑向与线路走向平行，不会对线路构成威胁
H10	孔玉乡泥洛村 1 号滑坡	康定县孔玉乡泥洛村	中	小	大渡河对岸，无影响
H11	孔玉乡泥洛村 2 号滑坡	康定县孔玉乡泥洛村	中	小	大渡河对岸，无影响
X05	跃坝沟斜坡	康定县孔玉乡莫玉村	中	小	离线路较远，对电线无影响
H12	小成都吉巴山滑坡	丹巴县格宗乡小成都村	大	小	坡体位于输电线塔址对岸，离塔址约 500m，对电线无影响
H13	梭坡乡普顶村 1 号滑坡	丹巴县梭坡乡普顶村	中	高	滑坡 H13～H15 发育同一古滑坡的前缘，且属于古碉保护区范围，线路拐点 G4、G5 与滑坡 H14、H15 距离较近
H14	梭坡乡普顶村 2 号滑坡	丹巴县梭坡乡普顶村	小	高	
H15	梭坡乡普顶村 3 号滑坡	丹巴县梭坡乡普顶村	小	高	
H16	梭坡村大寨滑坡	丹巴县梭坡乡梭坡村	大	高	大渡河对岸，无直接影响
H17	丹巴县城后山建设街滑坡	丹巴县章谷镇县城后山建设街	中	高	相距 1400m，无影响
H18	红军桥 1 号滑坡	丹巴县乡章谷镇看守所后山	中	中	大渡河对岸，无直接影响
H19	红军桥 2 号滑坡	丹巴县乡章谷镇看守所后山	中	中	大渡河对岸，无直接影响

（2）崩塌的判释。

1）崩塌的判释特征。崩塌是位于陡崖、陡坎、陡坡上岩体、土体及其碎屑物质在重力作用下失稳而突然脱落母体发生崩落、滚动、倾倒、翻转堆积在山体坡脚和沟谷的地质现象。崩塌一般发生在节理裂隙发育的坚硬岩石组成的陡峻山坡与峡谷陡岸上，这类厚层坚硬性岩石能形成高陡的斜坡，在岩石中往往发育两组或两组以上陡倾节理，其中与坡面平行的一组常演化为张裂隙。此时裂隙的切割密度对崩塌块的大小起着控制作用。在遥感图像中，可见陡峭的斜坡岩层中，不同方向的节理裂隙呈浅色调，直线状相互交错、切割岩体，将岩体切割为棱形块状。新生的崩塌陡崖色调浅，老的陡崖色调深。在陡崖下方有浅色调的锥状地形，有粗糙感或呈花斑状的锥形，为岩堆影像。崩塌现象一般是急剧、短促和猛烈的，规模小者为几立方米至几十立方米，大者可达千百立方米甚至几万立方米以上。崩落下来的岩块和岩石碎屑，在较平缓的坡麓及山脚下堆积成锥形体，称为岩堆。

由于在该工作区，大多为老崩塌堆积体，它在 ETM 图像上显示不是很清楚，但在 SPOT-5 遥感图像上有较好的显示，以 SPOT-5 为主、ETM 图像为辅，对工作区崩塌进行了判释。崩塌影像如图 2-40 和图 2-41 所示。从图 2-41 中可以看出，该地方陡峭，崩塌物色调为亮白，无植被生长。其主要判释标志如下：

a. 位于陡峻的山坡地段，一般在 55°～75° 的陡坡前易发生，上陡下缓，崩塌体堆积在谷底或斜坡平缓地段，表面坎坷不平，具粗糙感，有时可出现巨大块石影像。

b. 崩塌轮廓线明显，崩塌壁颜色与岩性有关，但多呈浅色调或接近灰白，不长植物。

c. 崩塌体上部外围有时可见到张节理形成的裂缝影像。

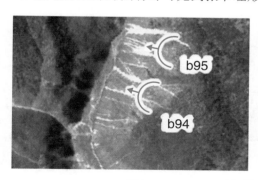 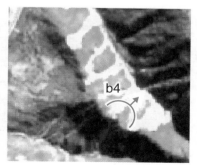

图 2-40　SPOT-5 遥感图像上崩塌影像

(a)   (b)

图 2-41　勒树村崩塌 SPOT-5 全色影像上影像特征及野外照片

（a）影像特征；（b）野外照片

　　d. 有时巨大的崩塌堵塞了河谷，在崩塌处上游形成小湖，而崩塌处的河流本身则在崩塌处形成一个带有瀑布状的峡谷。

　　走廊带崩塌（危岩）简表见表 2-15。

表 2-15　　　　　　　　　　　　　走廊带崩塌（危岩）简表

编号	灾害名称	地理位置	规模	易发性	与线路位置关系及影响
B01	姑咱镇鸳鸯坝危岩	康定县姑咱镇下瓦斯村	大	中	较远，无影响
B02	康巴师专危岩	康定县姑咱镇康巴师专	中	高	拟选线路从危岩 B02 上方通过，由于 G55、G56 不通视且距离较远（约 1km），中间需要增设 1 个塔位，影响新塔位的布设
B03	浸水山崩塌	康定县姑咱镇黄金坪村	中	中	B03 对拐点 G63 有一定影响
B04	勒树村崩塌	康定县舍联乡舍联村	小	中	其后缘与拐点 G58 距离为 394m，无直接影响，但两拐点间距 1590m 且不通视
B05	野坝沟崩塌	康定县舍联乡野坝村	中	高	G54-G55 段跨越崩塌 B05，G54 在 B05 的威胁范围内，G54、G55 距离 1717m 且不通视
B06	长河坝危岩	康定县舍联乡大鹰嘴村	大	中	距离最近的输电线塔约 800m，且新修长河坝水电工程要进行清坡，故无影响
B07	猴子岩崩塌	康定县舍联乡猴子岩	小	高	与两侧拐点距离较远，无影响

　　2）崩塌稳定性的判释。崩塌的稳定性情况在 SPOT-5 遥感图像上较易辨认，尚在发展的崩塌在岩块脱落山体的槽状凹陷部分色调较浅，且无植被生长，其上

部较陡峻，有时呈突出的参差状，有时崩塌壁呈深色调，是崩塌壁岩石色调本身较深所致。趋向于稳定的崩塌，其崩塌壁色调呈深色调，表面粗糙度减少，有的可见少量植被生长。

（3）泥石流的判释。泥石流是持续时间很短，突然发生的，夹有泥沙、石块或巨砾等大量固体物质与水组成的混合流体。其中固体物质含量一般大于15%，是一种能量大，具有强大的破坏力的特殊洪流，所以是各种工程之大敌。我国泥石流分布范围广，且各地区的地形地质、气候条件等差别较大，故所形成泥石流的性质、规模及危害程度也不尽相同。云南东川一带泥石流的特点是暴发频率高，如蒋家沟泥石流，几乎几天就发生一次。

利用 SPOT-5 和 ETM 遥感图像对泥石流的判释能收到事半功倍的效果，在实地进行泥石流调查，如果对泥石流的形成区、流通区及堆积区都进行详细的调查，工作量较大，而利用遥感影像观察可一目了然。可对泥石流的三个区情况、泥石流的分类及其对工程的危害程度进行详细的研究和判释。当然，许多调查工作仍然要实地进行。

1）泥石流的判释特征。泥石流形态在 SPOT-5 遥感影像图及其三维遥感模型上极易辨认。通常，标准型的泥石流流域可清楚地看到三个区的情况。

泥石流形成区一般呈瓢形，山坡陡峻，岩石风化严重，松散固体物质丰富，常有滑坡、崩塌产生；通过区沟床较直，纵坡较形成地段缓，但较沉积地段陡，沟谷一般较窄，两侧山坡坡表较稳定；沉积区位于沟谷出口处，纵坡平缓，常形成洪积扇或冲出锥，洪积扇轮廓明显，呈浅色调，扇面无固定沟槽，多呈漫流状态（见图 2-42～图 2-44）。

图 2-42　泥石流遥感图像二维视图

图 2-43　泥石流遥感图像三维视图

（a）　　　　　　　　　　　　（b）

图 2-44　邦吉村泥石流 SPOT-5 全色影像上影像特征及野外照片

（该泥石流特点是山坡较陡，下游泥石流洪积扇明显，其表面有耕地和村庄，

表明该泥石流活动程度小，危害不大）

（a）影像特征；（b）野外照片

　　上述判释特征是指标准型泥石流流域特征而言，而其他类型泥石流的流域特征并不完全如此。如有的形成区为流通区，有的流通区伴有沉积，甚至三区混淆，不易分辨，有的未见沉积区，或未见明显的沉积区等。尽管如此，但只要熟悉标准型泥石流流域特征后，其他类型的泥石流，也不难辨别。

　　2）泥石流危害性的判释。对泥石流的灾害性预测，需要综合分析地形地貌、岩性、构造及人类活动因素等。泥石流的危害性在 SPOT-5 遥感影像图上较易辨认，尚在发展的泥石流，其上游物源区岩土裸露程度大，植被覆盖少，常有滑坡、崩塌、岩堆等发育，其中下游泥石流扇也为裸露砾石等，无人类经济活动。趋向于稳定、灾害危险性小的泥石流在工作区较常见，在 SPOT-5 遥感影像图上，整个泥石流的汇水区内，植被覆盖较好，下游泥石流扇常为耕地和村庄。走廊带泥石流简表见表 2-16。

表 2-16　　　　　　　　　走 廊 带 泥 石 流 简 表

编号	灾害名称	地理位置	规模	易发性	与线路位置关系及影响
N01	时济乡抗州村汪家蹓沟泥石流	康定县时济乡抗州村	小	小	大渡河对岸，无影响
N02	时济乡若吉村若吉大沟泥石流	康定县时济乡若吉村	中	中	大渡河对岸，无影响
N03	龙打沟泥石流	康定县姑咱镇黄金坪村	小	高	两拐点分别位于泥石流沟两侧山梁上，不受泥石流影响，两塔直线距离 959m，跨越沟谷但不通视
N04	叫吉沟泥石流	康定县时济乡杠吉村	大	中	大渡河对岸，相距 1640m，无影响
N05	邦吉村泥石流	康定县时济乡邦吉村	小	小	大渡河对岸，相距 1720m，无影响
N06	蚆丫河坝泥石流	康定县时济乡蚆丫河坝	大	小	大渡河对岸，无影响
N07	威公村泥石流	康定县舍联乡威公村	小	小	从形成区通过，与沟口相距 1520m，无影响
N08	檬子坝沟	康定县舍联乡	中	中	线路跨越 N08 的物源区，对线路影响较小
N09	河口泥石流	康定县三合乡河口村	小	中	大渡河对岸，无影响
N10	舍联乡江嘴村下索子泥石流	康定县舍联乡江嘴村	小	高	G45 位于 N10 后方山梁上，不受 N10 的影响
N11	阿斗沟泥石流	康定县孔玉乡门坝村	中	高	从形成区通过，与沟口相距较远，无影响
N12	鸭包村泥石流	丹巴县鱼公乡鸭包村	小	中	大渡河对岸，无影响
N13	梭坡村泥石流	丹巴县梭坡乡梭坡村	小	小	大渡河对岸，无影响

2.3.7　输电线路工程地质分区

根据灾害点密度、地形地貌、地层岩性、岩（土）体工程地质类型特征、断裂构造、活动构造和地震，不良地质作用等因素将走廊带划分（见表 2-17），并且按综合条件划定为好、较好、一般、差四个等级，走廊带工程地质条件分区如图 2-45 所示。

表 2-17　　　　　　　　　　工程地质分区基本信息统计表

工程地质分区	最高海拔（m）	最低海拔（m）	平均海拔（m）	沟壑密度（条/km²）	植被覆盖率（%）	平均坡度（°）
大杠—鱼通区（姑咱）	3608	1330	2469.0	2.0	40	33
鱼通区—广金坝	4000	1440	2720.0	1.2	30	35
广金坝—寸达河坝	3993	1560	2776.5	3.2	28	34
寸达河坝—李家河坝	4041	1720	2880.5	3.3	28	36
李家河坝—丹巴	3849	1840	2844.5	1.6	22	38

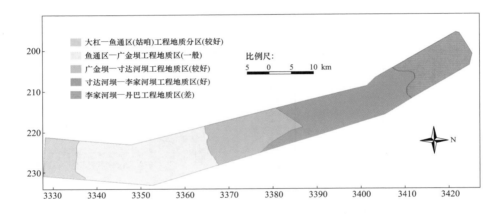

图 2-45　走廊带工程地质条件分区图

地震及次生灾害电网监测与预警

3.1.1 InSAR 技术概述

（1）合成孔径雷达干涉测量技术（Interferometric Synthetic Aperture Radar，InSAR）结合了合成孔径雷达成像技术和干涉测量技术，利用传感器的系统参数和成像几何关系等精确测量地表某一点的三维空间位置及微小变化，InSAR 原理如图 3–1 所示。

从历史上来看，InSAR 技术的发展起源于 Thomas Yong 于 1801 年所做的"杨氏双缝干涉实验"（见图 3–2），点源干涉实验如图 3–3 所示。InSAR 技术是近二十年发展起来的极具潜力的微波遥感新技术，它利用两副天线同时观测（单轨双天线模

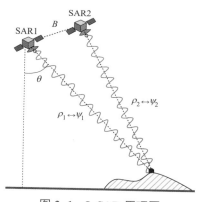

图 3–1 InSAR 原理图

B—基线；θ—λ 射角；ρ_1—SAR1 雷达信号；ψ_1—SAR1 雷达信号相位；ρ_2—SAR2 雷达信号；ψ_2—SAR2 雷达信号相位

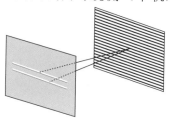

图 3–2 杨氏双缝干涉实验

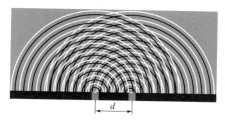

图 3–3 点源干涉实验

d—两个干涉源的间距

式）或两次近平行观测（重复轨道模式）获得同一地区的两景数据，通过获取同一目标对应的两个回波信号之间的相位差并结合轨道数据来获取高精度、高分辨率的地面高程信息。

近十年来，欧美一些发达国家对机载和星载（包括航天飞机）的合成孔径雷达的理论和应用做了大量的研究，获取了大量的商用 SAR 图像，其中以欧洲空间局（ESA）的 ERS1/2、ENVISAT ASAR，日本的 JERS–1、ALOS PALSAR，德国的 TerraSAR–X 和加拿大的 RADARSAT–1、RADARSAT–2，意大利的 COSMO–SkyMed 等星载 SAR 图像为代表。

InSAR 最初设计是用来对地球表面测图，目前 InSAR 技术的应用已不仅仅涉及地形测图，还广泛应用在数字高程模型、洋流、水文、森林、海岸带、变化监测、地面沉降、火山灾害、地震活动、极地研究等诸多领域。其主要应用领域包括：

1）DEM 的获取。InSAR 技术可以全天候、全天时、大面积、高精度、快速准确地获取覆盖全世界的数字高程图，特别是在某些困难地区用传统测量方法无法涉及的地方，优势更为明显。最早利用机载系统获取 DEM 的代表是美国国家航空航天局，从 1991 年开始开展了一系列利用 SAR 卫星在不同环境下获取 DEM 的研究工作，获得了大量的研究成果。利用星载系统获取 DEM 的研究始于 ERS 卫星的发射，2000 年 2 月 11 日 NASA 和美国国家影像与测绘局联合进行的为期 11 天的航天飞机雷达地形测绘任务，获得了地球北纬 60° 至南纬 56° 之间，面积超过 1.19 亿 km² 的雷达影像数据，数据覆盖全球陆地表面 80% 以上地区。

2）火山的下陷与抬升研究。通过对火山的运动规律分析，进行火山爆发的预测研究，目前研究人员已成功地利用 InSAR 技术研究了大量火山形变情况。主要包括意大利的 Ena 火山、美国夏威夷的火奴鲁鲁火山、冰岛的断裂火山、日本伊豆半岛火山、美国黄石国家公园活动的火山口等（见图 3–4～图 3–6）。

图 3–4　InSAR 监测意大利 Ena 火山运动

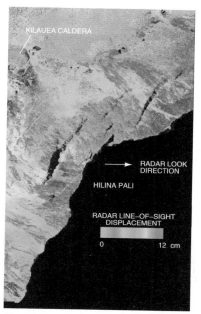

图 3-5 InSAR 监测 Kilauea volcano，夏威夷的火奴鲁鲁火山运动

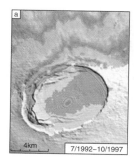 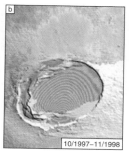 

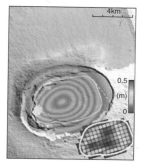

图 3-6 InSAR 监测 Sierra Negra，日本伊豆半岛火山运动

3）细微地形变化。主要包括滑坡、地面沉降等地表形变，有研究人员通过对法国阿尔卑斯地区滑坡体、意大利南部滑坡等进行研究，论证了 InSAR 技术具有确定中等滑坡体运动的能力，指出植被覆盖、大气影响及实验区小尺度等因素的影响，导致干涉处理中相位失相干、分辨率及时间不一致等问题。对于地面沉降，主要是由于过量开采承压含水层中的水而引起的地质灾害，此外由于开采煤矿和石油、地热及人工建筑也会造成地面沉降，与前面的地震、火山形变不同，这种地面沉降一般速度缓慢，时间跨度数年，因此时间去相干及大气影响成为限制 InSAR 应用于地面沉降的主要因素（见图 3-7～图 3-9）。

图 3-7　InSAR 技术监测滑坡

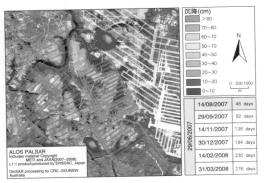

图 3-8　InSAR 技术监测地下采矿引起的地表沉降

图 3-9　InSAR 技术监测 San Francisco Bay Area 地表沉降

（2）合成孔径雷达差分干涉测量技术（Differential InSAR，D-InSAR），以合成孔径雷达复数影像的相位信息获取地表变化信息，是合成孔径雷达卫星应用的一个拓展。

D-InSAR 技术是一种专门监测地表形变的新技术，可用于监测厘米级或更微小的地球表面形变，可高精度地监测大面积的微小地面形变。D-InSAR 要从包含形变信息的干涉相位中获取地表形变量，需要从干涉相位中去除参考面相位和地形相位的影响。参考面相位一般利用干涉几何和成像参数，通过多项式拟合得以去除。对于地形相位，需要利用多余的 SAR 观测数据或已知的 DEM，通过二次差分处理消除。

根据去除地形相位采用的数据和处理方法，可将差分干涉测量分为二轨法、三轨法和四轨法，不同方法的数据处理过程不相同。二轨法是利用目标区域地表形变发生前后的两幅 SAR 影像生成干涉图，然后利用外部 DEM 数据模拟该区域的地形相位，并从干涉图中剔除模拟的地形相位得到目标区域的地表形变相位信息。三轨法是利用目标区域三幅 SAR 影像，其中两幅为形变前或形变后获取，另一幅要跨越形变期获取。选其中一幅为公共主影像，余下两幅为从影像分别与选定的主影像进行干涉，生成两幅干涉图：一幅反映地形信息；一幅反映地形和形变信息。最后再将两幅干涉图进行再次差分，就获得了只反映地表形变的信息。四轨法同三轨法类似，四轨法是利用四幅 SAR 影像，其中，两幅在形变前获取，另两幅在形变后获取；两幅进行干涉形成地形对，另两幅进行干涉形成地形和形变对，同样对这两幅干涉图进行再次差分处理，得到形变相位。

尽管 D-InSAR 技术在形变监测方面表现出极大的应用潜力，并取得一些成功的应用，但该技术要完全实用化，还受到多方面因素的影响和制约，其中时空失相关和大气效应是该技术的瓶颈。

1）时间失相关。时间基线是 D-InSAR 应用于区域地表形变探测的一个重要限制，尤其在植被覆盖地区，时间间隔稍长就可能引起相位严重失相关而无法获得可靠的干涉测量结果。

2）空间失相关。空间失相关是由于不同雷达侧视角导致雷达散射信号的差异。一般情况下，单通双天线系统几乎不存在空间失相关，而星载重复单天线系统受基线失相关的影响较为显著。获取两幅 SAR 图像的轨道空间间隔越大，干涉相位噪声水平也会越高，从而大大限制了有效干涉对的可用数量，使得干涉测量只能局限在部分满足基线条件的 SAR 影像上进行，这对于那些长期累计的微小地表形变监测来说，监测工作变得异常困难甚至不可能。

3）大气延迟。易变的大气条件可能导致不同的相位延迟，这种不一致性既表现在时间尺度上，又表现在空间尺度上。严重的大气延迟会模糊甚至掩盖感兴趣的信号，若不能完整地提取或剔除大气相位分量，则大气相位分量很容易被误认为是地形起伏或地表形变，这极大降低了 InSAR 技术提取地面高程或地表形变的可靠性。

要解决 D-InSAR 中的失相关和大气效应问题，只有通过数据处理的手段来解决。到目前为止，已发展了两种方法：数据融合法和永久散射体法。不过，数据融合的方法只能在一定程度上降低大气延迟的影响，还不能解决失相关问题。永久散射体法同时解决了差分干涉测量中的大气效应、时间失相关和基线失相关问题，是目前差分干涉测量中解决上述问题的最好方法。

（3）永久散射体合成孔径雷达干涉测量技术（Permanent Scatterer InSAR，PS-InSAR）是针对常规 D-InSAR 相位失相关和大气延迟影响的一种改进形变测量技术。PS-InSAR 技术只提取雷达图像上具有稳定散射特性的像素点，即 PS 永久散射体点为研究对象，由于永久散射体可在很长时间间隔内保持高相干，并且在空间基线距超过临界基线距的情况下，也能够保持高相干性，这样便可充分利用长基线距的干涉图像对，最大限度地提高数据的利用率。因此，可找出研究区域内的 PS 点，通过对这些 PS 点进行时间序列分析，消除大气的影响，便能准确测量地到 PS 点的形变量，从而监测到地面的运动，并精确地反映出所监测区域的相对位移。

PS-InSAR 方法类似于控制测量，它通过点上的可靠信息获得整个区域的信息，即使整个研究区内不能形成干涉条纹，也能用 PS-InSAR 方法探测地表的形变（见图 3-10）。

图 3-10　PS–InSAR 技术监测山区变形

3.1.2　地质灾害精确测量技术

（1）全极化滑坡信息提取。电磁波发射分为水平波（H）和垂直波（V），接收也分为 H 和 V。单极化是指（HH）或者（VV），就是水平发射水平接收或垂直发射垂直接收；双极化是指在一种极化模式的同时，加上了另一种极化模式，如（HH）水平发射水平接收和（HV）水平发射垂直接收；全极化技术难度最高，要求同时发射 H 和 V，也就是（HH）（HV）（VV）（VH）四种极化方式。

全极化 SAR 数据的地物分类是遥感领域中雷达极化的最重要的应用之一。与单极化 SAR 数据相比，全极化数据具有信息量大的特点，利用极化目标分解方法可以识别地物的散射机制，能够实现非监督分类，而不需要地表覆盖物类型的先验知识。根据滑坡的形成机制可知，发生大型滑坡前滑坡表面一般覆盖了一定的植被，滑坡发生后滑坡表面为裸土，同时地表的灰度特征和纹理特征也发生了改变。因此利用全极化数据分别识别出滑坡前后的植被裸土区域，并与灰度特征和纹理特征相结合监测滑坡区域。图 3-11 给出了基于全极化分解算法的 SAR 数据检测滑坡信息技术流程。

（2）D–InSAR 地表形变信息提取算法。D–InSAR 滑坡信息提取算法包括图像配准、干涉图生成、去平地效应、滤波、相位解缠和高程提取等，D–InSAR 的算法流程如图 3-12 所示。

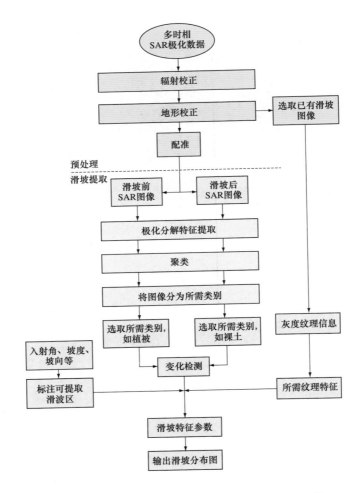

图 3-11 基于全极化 SAR 数据的滑坡信息提取流程

1）基本原理。图 3-13 是差分干涉测量的成像几何示意图，A_1、A_2 和 A_3 分别是卫星在三次不同时刻对同一地区成像的位置，传统 D-InSAR 技术提取形变是假设 A_1 和 A_2 两时刻未发生形变，第三次成像即 A_3 时刻发生了形变，为了适应实际情况，设 A_1、A_2 之间也发生形变，因此根据干涉测量原理，可以简化为

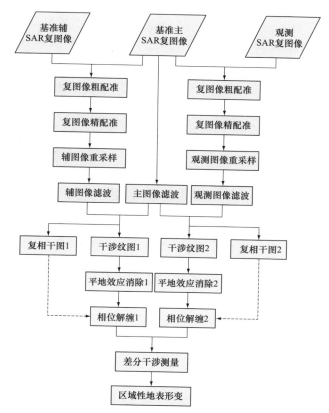

图 3-12   差分干涉法区域性地表形变信息提取算法流程图

$$\phi_{f2} - \frac{B'_\perp}{B_\perp} \phi_{f1} = -\frac{4\pi}{\lambda} \Delta R_{\mathrm{d}} \qquad\qquad (3\text{-}1)$$

式中 λ ——雷达载波波长；

  R_{d} ——目标到雷达传感器斜距长；

  $B_\perp$ ——垂直基线；

  ϕ_{f1} —— $A_1 A_2$ 干涉解缠后相位；

  ϕ_{f2} —— $A_1 A_3$ 干涉解缠后相位。

2）图像处理流程。在图像处理中通常是利用参考 DEM 和变化前后的两幅 SAR 图像做干涉测量提取形变，但实时性的高精度 DEM 在实际中很难获得，并且如果要进行长期连续观测则无法满足要求。因此，可利用多时相 SAR 图像通过迭代不断提取出形变结果，即在图像处理中可通过不断产生新的实时高精

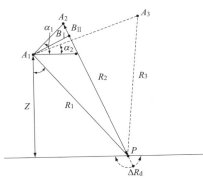

图 3-13　D-InSAR 技术示意图

度 DEM，得到形变结果，如图 3-14 所示。

第一幅到第四幅 SAR 图像分别为四个不同时刻获取同一地区的 SAR 图像，参考 DEM 为网络下载 90m 分辨率的公开数据，算法步骤如下：

SAR 图像 1+SAR 图像 2+参考 DEM=DEM1；SAR 图像 1+SAR 图像 3+DEM1=形变 1。

SAR 图像 2+SAR 图像 3+DEM1=DEM2；SAR 图像 2+SAR 图像 4+DEM2=形变 2。

由于 DEM1 为 SAR 图像 1 和 SAR 图像 2 干涉解缠后相位即式（3-1）中 ϕ_{f1} 得到，而 SAR 图像 1 和 SAR 图像 3 干涉解缠得到式 ϕ_{f2}，故形变 1 为 SAR 图像 2 时刻和 SAR 图像 3 时刻之间的形变，同理，也可得到形变 2。从图 3-14 中可看出三幅时刻的图像组合得到其中两个时刻之间的形变。

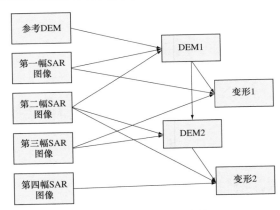

图 3-14　图像处理流程

改进的相位解缠方法——基于加权相位导数变化的质量图引导积分路径算法。由于卫星天线所获取的数据为单视复数影像，相位被缠绕在 (-π,π] 之间，被缠绕的相位与真实相位之间相差 $2k\pi$，其中，k 为正整数。二者的关系式为

$$\phi = \varphi + 2k\pi，\quad \text{其中 } k = 0, \pm 1, \pm 2, \cdots \tag{3-2}$$

式中　ϕ——真实相位差；

φ——被缠绕的相位差。

只有恢复了图像的真实相位差，才能够利用该相位差值计算地面高程信息和地表形变信息。恢复图像真实相位差的过程，称为相位解缠，相位解缠是整个 InSAR 和 D–InSAR 数据处理的核心技术之一。

图 3–15（a）中为被缠绕的相位值，其在 $(-\pi, \pi]$ 之间，呈现锯齿状。图 3–16（a）的黑白相间的条纹代表了这种锯齿状；理想情况下的相位解缠只需要经过简单的积分就可以变成连续的一条直线，如图 3–15（b）所示，即为相位解缠的结果，对应图 3–16（b）中的连续面。

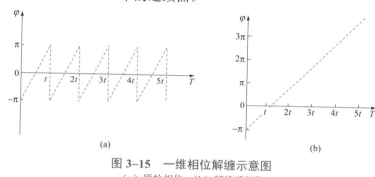

图 3–15　一维相位解缠示意图
（a）原始相位；（b）解缠后相位

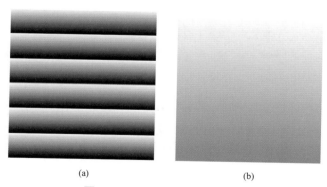

图 3–16　二维相位解缠示意图
（a）原始相位；（b）解缠后相位

将一维相位拓展至二维，如果方位向和距离向都满足

$$-\pi \leqslant \Delta_x[\phi_{i,j}] \leqslant \pi \tag{3-3}$$

$$-\pi \leqslant \Delta_y[\phi_{i,j}] \leqslant \pi \tag{3-4}$$

则表明此二维相位场一致，与积分路径无关，可以直接进行积分求解。而如果不满足式（3–3）和式（3–4）（现实情况的 SAR 图像都是不满足的），则相

位解缠和积分路径相关，相位场不一致。如此，2×2方阵为图像中的一个节点。在此2×2方阵中，定义 Δ_i 为各方向的相位差，定义 W 为相位差值算子，有

$$\Delta_1 = W[\phi_{m,n+1} - \phi_{m,n}]$$
$$\Delta_2 = W[\phi_{m+1,n+1} - \phi_{m,n+1}]$$
$$\Delta_3 = W[\phi_{m+1,n} - \phi_{m+1,n+1}] \qquad (3\text{--}5)$$
$$\Delta_4 = W[\phi_{m,n} - \phi_{m+1,n}]$$

其中 W 运算需要经过以下两个步骤，以计算 Δ_1 为例

$$\phi(m,n) = \phi_{m,n+1} - \phi_{m,n} \qquad (3\text{--}6)$$

$$\Delta_1 = \begin{cases} \phi(m,n)+1 & \phi(m,n) < -0.5 \\ \phi(m,n) & -0.5 \leqslant \phi(m,n) \leqslant 0.5 \\ \phi(m,n)-1 & \phi(m,n) > 0.5 \end{cases} \qquad (3\text{--}7)$$

令

$$q = \sum_{i=1}^{4} \Delta_i = \begin{cases} 0 \\ +1 \\ -1 \end{cases} \qquad (3\text{--}8)$$

根据式（3–5）～式（3–8）计算，可以得到

$$\Delta_1 = 0.1$$
$$\Delta_2 = -0.3$$
$$\Delta_3 = 0 \qquad (3\text{--}9)$$
$$\Delta_4 = 0.2$$

因而，$q=0$，该点为正常点。同样道理计算可得，$q=+1$，该点为正残差点，连续点和正残差点缠绕相位示意如图3–17和图3–18所示。

图3–17　连续点缠绕相位示意图　　　图3–18　正残差点缠绕相位示意图

目前相位解缠算法种类虽然较多，但是普适性较差。每一种方法都有自身的局限性。枝切法解缠速度快，但是"枝切线"设置不当会导致误差传播。最小二乘法容易产生全局性误差，且计算速度较慢。而由于噪声和欠采样导致相位出现不一致的问题一直是相位解缠的难点。因而，一般利用加权方法消除距离向和方位向的误差，形成新的质量图，并引导相位解缠。同时，针对质量图引导相位解缠方法计算复杂和解缠速度慢的缺陷，采用计算机科学中的最大堆排序方法，减少质量图的排序时间。

（3）植被覆盖信息提取算法。与单极化 SAR 数据相比，全极化 SAR 数据可以提取出与数据本身无关的散射机制的信息，该信息对于所有的全极化 SAR 数据均稳定，因此，它可以实现非监督分类，而不需要地表真实数据，或者其他地图或地理信息系统的相关数据，同时，其含有丰富的极化特征信息，并对地物几何结构特征敏感，为植被覆盖信息的提取提供了新方法和新技术。

图 3-19 给出基于全极化 SAR 数据提取植被覆盖信息的技术流程。

目标分解理论是为了有效地提取目标的散射特性而发展起来的，其主要思想在于将数据与目标的物理特性联系起来，根据测量数据对目标结构进行物理描述和刻画。目标分解是将一个随机媒质散射问题的各种矩阵表现形式（散射矩阵、Mueller 矩阵、协方差矩阵、相干矩阵等）描述为独立成分之和，并将每一种成分与相应的物理机制联系起来，最终分离出各种地物分布及面积。

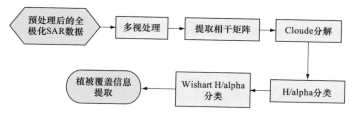

图 3-19　基于全极化 SAR 数据的植被覆盖信息技术流程

3.1.3　工程应用情况

此处以四川电网为例，探讨 InSAR 技术在地质灾害监测与防治方面的工程应用。四川属于青藏高原过渡带，地形复杂，以山地和丘陵地形为主，是山洪、泥石流、滑坡等地质灾害多发省份。地质灾害不仅给电网带来巨大的经济损失，而且给输电安全带来严重威胁，是造成电网事故的主要原因之一。

滑坡是指斜坡上的土体或者岩体，受河流冲刷、地下水活动、雨水浸泡、地震及人工切坡等因素影响，在重力作用下，沿着一定的软弱面或者软弱带，整体地或者分散地顺坡向下滑动的自然现象。滑坡是多因素相互作用的高度的非线性力学问题，其稳定性受多种内外因素的综合影响，如地形地貌、地质构造、岩土结构、地震作用、地表及地下水影响和人类工程活动等因素。前人的研究结果表明，降雨诱发的滑坡占比最大，为46%左右，其次为人为工程扰动，占比23%。

（1）典型电网滑坡灾害类型。典型电网滑坡灾害类型，从承灾体看主要有两种：一是输电走廊；二是变电站，所处站址无法避让脆弱地质环境，建于大型滑坡体上或者周边，即典型灾害承灾体分为输电线路杆塔和变电站两种。

1）输电走廊的滑坡。输电线路走廊是指导线边线向外侧水平延伸并垂直于地面所形成的两平行面内的区域。在一般地区各级电压（交流系统）导线的边线延伸距离：1~10kV为5m，35~110kV为10m，154~330kV为15m，500kV为20m。

一般输电走廊宽度在100m以下。然而对杆塔地质稳定性而言，需要考量的观测范围，除考虑杆塔基础所处位置以外，还需要考虑周边地质环境的因素影响。以成灾类型区分，电网滑坡灾害又可分为单体滑坡和区域性群体滑坡两种。

2）变电站滑坡。电网在规划建设环节，勘测设计过程中原则上必须遵循"敬畏自然，避让灾害"的理念。但在实际工程建设中，确有少数变电站选址无法避让脆弱地质条件。比如四川电网500kV丹巴变电站，就建于丹巴县城旁的一个巨型古滑坡体上。该滑坡体的危险性不仅威胁变电站的安全，还严重影响滑坡体下方丹巴县城人民生命财产的安全。变电站在建设完成后的数年内，少数变电站还存在不均匀地质沉降情况发生。

（2）InSAR在电网地质灾害监测中的应用。InSAR在电网地质灾害监测中，通常要根据SAR载荷特点，利用不同频率、不同极化和不同模式的SAR数据，解决基于多源数据检测成灾因子的信息获取和地表形变遥感监测的问题：

1）InSAR图像对单体快速滑坡灾害信息成灾信息进行提取，首先要进行小型单体滑坡和地表微形变信息的定量提取，包括基于InSAR图像的复杂山区地表微形变，单体滑坡监测对象整体滑移、地表微形变、植被覆盖、裸土和植被覆盖区域土壤含水量反演算法等内容；在四川地区，考虑四川汶川 8.0 级地震导致的地质脆弱性，进一步开展区域性滑坡灾害信息提取技术，以获取区域性大规模群体滑坡成灾信息。

2）InSAR 图像对电网变电站缓慢滑坡成灾信息进行提取，包括对大型滑坡体的缓慢滑移和地表微形变信息的定量提取，以及变电站不均匀地质沉降分析。

1. 工程区背景情况

2017 年 8 月 8 日 21 时 19 分 46 秒在四川阿坝州九寨沟县（103.82E，33.2N）发生 7.0 级地震，震中距九寨沟县 39km、距松潘县 66km、距舟曲县 83km、距文县 85km、距若尔盖县 90km、距陇南市 105km、距成都市 285km。截至 2017 年 8 月 10 日 22 时，地震导致 20 人死亡，493 人受伤。

地震发生后 1h，查询震区 RADARSAT-2 卫星数据存档情况，于 8 月 10 日晚在德清遥感卫星地面接收站成功获取了灾后第一组同震重轨干涉 SAR 影像对，影像时间分别为 2017 年 4 月 12 日、5 月 30 日（震前）和 8 月 10 日（震后）。影像数据为 Extra Fine 超宽精细模式，分辨率为 5m，幅宽为 125km×125km，该数据幅宽广，有利于大范围的地表形变监测，同时兼具高分辨率的特点，对形变细节的表征具有优势。影像覆盖数据范围如图 3-20 所示。

图 3-20　影像覆盖数据范围示意图

此次地震震中位于岷江断裂、塔藏断裂和虎牙断裂附近。岷江断裂是西倾的全新世逆断裂，塔藏断裂和虎牙断裂是全新世断裂。发震构造推测为塔藏断裂南侧分支和虎牙断裂北段，初步推断此地震为一次走滑型为主事件。另外，据构造应力场分析结果，区域构造应力场水平最大主应力优势分布方位为近东西向。该地区历史震源机制解以走滑型和逆冲型为主，逆冲型地震主要分布在震中以南的龙门山断裂附近。综合断层面解反演的区域压应力轴为北东东—南西西向。

2. 雷达干涉（InSAR）处理

此次监测源数据采用高分辨率大幅宽，尽管相隔时间较久（72 天），但在高植被覆盖率条件下，除震中区域相干性较差外，其他区域保持高的相干性，体现了高分辨率数据在 InSAR 应用中的优势。

利用 RADARSAT-2 震前震后（2017 年 5 月 30 日和 8 月 10 日）的数据，基于合成孔径雷达干涉测量（InSAR）技术，计算此次地震的地震形变场，结果如图 3-21 和图 3-22 所示。

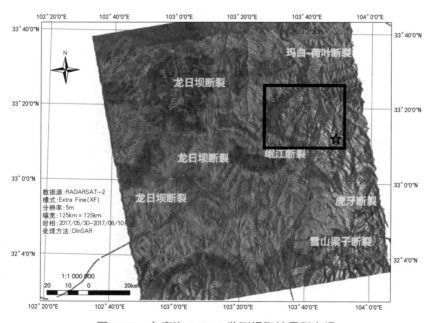

图 3-21　九寨沟 InSAR 监测提取地震形变场

图 3–22　九寨沟 InSAR 监测提取地震形变场局部图

从监测结果可以看出，断层东侧失相干比较严重，西侧约有 5 个干涉条纹（如图 3–21 中黑框所示），最外侧条纹距离中国地震台网中心确定的震中心约为 36.64km，从而可以大致推断出此次地震形变场的范围。

3. 地震前后变化检测

（1）滑坡引起的道路损毁。此次地震造成了多处滑坡，导致震区道路多处损毁，影响地震应急救援的效率。图 3–23 中展示了震区一处滑坡造成了道路损毁的图像变化，从震前震后的图像对比可以很明显地看出，震前图像上的道路明显，具有连续性；震后道路由于受到滑坡的影响，造成道路中断，暗色调原有的道路被碎石覆盖，散射特性发生了变化。

(a)　　　　　　　　　　　　　　　　(b)

图 3–23　滑坡引起的道路损毁震前震后对比

（a）震前（2017 年 5 月 30 日）；（b）震后（2017 年 8 月 10 日）

（2）滑坡引起的湖泊边缘决口。地震发生后，九寨沟景区内部分景点损毁。据 10 日进入九寨沟景区内的工作人员所拍摄的视频显示，景区内的火花海、诺日朗瀑布等景点损毁严重。火花海水位整体下降，已经见底，湖边发生小面积滑坡，也裸露出了黄土。从地震前后的 RADARSAT–2 图像对比可以看出，火花海湖面原有的暗色调水体在震后消失，湖水消失见底，如图 3–24 所示。

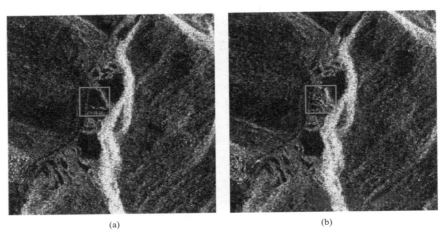

(a)　　　　　　　　　　　　　　(b)

图 3–24　滑坡引起湖泊边缘决口震前震后对比
（a）震前（2017 年 5 月 30 日）；（b）震后（2017 年 8 月 10 日）

九寨沟地震灾害首批 InSAR 数据获得了大范围的同震形变场，同时得到了局部建筑物、道路等地物的精细变化情况。自 2016 年底，相关单位启动 RADARSAT–2 卫星 XF 模式数据（分辨率 5m，幅宽 125km×125km）全国大范围系统性采集工程，重点区域实现每个月覆盖一次，普通区域每 2～3 个月覆盖一次，可为灾害应急、地表形变监测、土地利用变化监测、农业监测等应用持续提供时间序列的大量存档数据。

3.2　无人机载雷达灾害巡检

3.2.1　无人机载雷达系统概述

激光探测与测量技术（Light Detection And Ranging，LiDAR），是利用全球定位系统和惯性测量装置（Inertial Measurement Unit，IMU）来进行机载激光扫描，并进行数据分析从而获取空间距离信息的一种技术。其所测得的数据为数字表面模型（Digital Surface Model, DSM）的离散点表示，数据中含有空间三维信息和激光强度信息。应用分类技术在这些原始数字表面模型中移除建筑物、人造物、覆盖植物等测点，即可获得 DEM，并同时得到地面覆盖物的高度。

LiDAR 具有精度高、全三维特性，可解决传统空间、地理信息采集领域中的成本高、效率低、精度差的问题，为快速、高效、低成本的地面小范围地理信息采集和地下空间三维信息采集提供了技术基础，为突发地质灾害监测、灾害动态仿真模拟、预测预警模型、灾害预测预警系统和信息快速发布反馈系统建立提供了先进的技术支撑。国外用激光雷达成像技术发现植被下的吴哥古城堡，如图 3-25 所示。

图 3-25　国外用激光雷达成像技术发现植被下的吴哥古城堡案例

目前，输电线路走廊空间数据采集手段主要有人工测绘、航测和遥感技术等，而激光 LiDAR 测量技术可以快速对线路走廊进行高精度三维测量，从而为输电线路的设计、运行、维护、管理企业和专业人员提供更快速、更高效和更科学的手段。采用激光 LiDAR 测量系统，可以直接采集线路走廊高精度激光点云和高分辨率的航空数码影像，进而获得高精度三维线路走廊地形地貌、线路设施设备，以及走廊地物的精确三维空间信息，包括杆塔、挂线点位置、电线弧垂、树木和建筑物等，从而为输电线路规划设计、运行维护提供高精度测量数据成果。激光 LiDAR 测量技术在电网工程中的应用方向如图 3-26 所示。

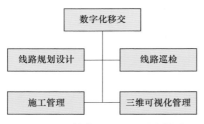

图 3-26 激光 LiDAR 测量技术
在电网工程中的应用方向

（1）激光扫描装置工作原理。传感器发射激光束并经空气传播到地面或物体表面，再经表面反射，反射能量被传感器接收并记录为一个电信号。如果将发射时刻和接收时刻的时间精确记录，那么激光器至地面或者物体表面的距离（R）就可以通过以下公式计算出来

$$R=ct \tag{3-10}$$

式中　c——光速；

　　　t——发射时刻和接受时刻的差。

光脉冲以光速传播，由激光发射器发射一束离散的光脉冲，打在地表并反射，接收器总会在下一个光脉冲发出之前，收到一个被反射回来的光脉冲，通过记录瞬时红外线激光射到目标的时间从而测出距离。当代激光雷达一般将发射和接收光路设计为同一光路。激光扫描设备装置可记录一个单发射脉冲返回的首回波、中间多个回波与最后回波，通过对每个回波时刻记录，可同时获得多个高程信息，将 IMU/DGPS 系统（指利用装在飞机上的 GPS 接收机和设在地面上的一个或多个基站上的 GPS 接收机同步而连续地观测 GPS 卫星信号）和激光扫描技术进行集成，飞机向前飞行时，扫描仪横向对地面发射连续的激光束，同时接受地面反射回波，IMU/DGPS 系统记录每一个激光发射点的瞬间空间位置和姿态，从而可计算得到激光反射点的空间位置。

（2）LiDAR 系统组成。

1）激光测量装置。激光测量装置的数据发射量和功率非常大，每秒最多可发射数 10 万个激光点，测量距离为离地面 30～2500m。正常飞行高度情况下（航高 800m），在植被比较茂密的地区也有一定量的激光点射到地面上。可利用专业软件对数据进行处理辨别出地面点或是植被点等。

2）GPS 接收机。通过接收卫星的数据，实时精确测定出设备的空间位置，再通过后处理技术与地面基站进行差分计算，精确求得飞行轨迹。

3）惯性测量装置。由装置将接收到的 GPS 数据，经过处理，求得飞行运动的轨迹，根据轨迹的几何关系及变量参数，推算出未来的空中位置，从而测算出该测量系统的实时和将来的空间向量。由于在飞行过程中，飞机会受到一

些外界因素的影响，此时，实际轨迹由惯导装置测定，通过动力装置调整，使飞行精确按原轨迹运动，所以该系统也称为惯导系统。

4）数码相机。采用高分辨率数码相机（2200 万像素），在 1000m 的飞行高度，影像地面分辨率可达到 250 像素，可以获得高清晰的影像。通过影像与激光点数据整合处理后，可以得到依比例、带坐标和高程的正射影像图。在不同航高下，可以按需要得到 1:250～1:10 000 不同比例尺的正射影像。

5）其他相关设备。其他相关装备有飞行器、计算机、专业数据处理软件等。

3.2.2 无人机载雷达小型化设计

三维激光扫描仪的关键指标主要有测距精度、扫描速率和测距范围等，测距精度即三维激光扫描仪测量距离的精度，扫描速率指的是激光扫描仪每秒可以发射的激光点数量。三维激光扫描仪中常用于无人机机载领域的轻小型三维激光扫描仪主要有 Riegl 和 Velodyne。机载激光雷达成像系统以激光雷达为核心，配有北斗定位定向系统、采用十轴陀螺仪进行高精度姿态解算，系统原理如图 3–27 所示。

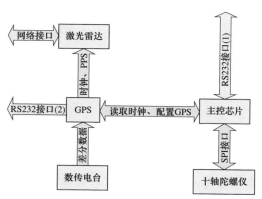

图 3–27 十轴陀螺仪成像系统原理

激光雷达的发射信号为激光，具备很高的空间、时间分辨能力和高探测灵敏度等优点。但是采集到的数据都是以雷达本身为坐标系的局部坐标数据，需要通过 IMU+GPS 进行数据融合之后给雷达定姿，然后再解算激光雷达数据为大地坐标数据。姿态融合和数据解算通过上位机完成。系统主要分为四个部分，即双天线 GPS 模块、IMU 模块、激光点云采集模块和数据解算存储模块。

激光系统外观图如图 3-28 所示。

图 3-28　激光系统外观图（质量 1.5kg）

雷达系统应外形简单、轻巧，方便安装在包括无人飞机、飞艇等各类飞行平台上，并且支持 360°的测绘扫描视场和每秒最多 36K 个脉冲的高扫描密度，以提高航空测绘扫描效率。设备具有多个安装孔以及可能的数据接口，方便用户用于与其他多种传感器的系统集成。

激光雷达扫描仪可通过网络与 PC 端连接，并通过实时的 GPS 及 IMU 数据将扫描的每一帧三维点云数据进行拼接，得到所需的整体点云数据。其中激光雷达通过网口与电脑连接，传输扫描到的数据。主控芯片通过 232 接口与电脑连接，传输采集的陀螺仪数据，波特率 115 200。GPS 通过 232 接口与电脑连接，传输位置、航向、速度等信息，波特率 115 200。

3.2.3　无人机载 LiDAR 巡线应用

无人机载 LiDAR 测量系统可以解决空间定位和量测精度等问题，通过 LiDAR 设备，可以直接采集线路走廊高精度三维激光点云和高分辨率航空数码影像，进而获得高精度三维线路走廊地形、地貌、地物和线路设施设备空间信息，包括杆塔、挂线点位置、电线弧垂等。可以精确、快速地量测线路走廊地物（特别是房屋、树木、交叉跨越）到电线的距离、导线线间距离等是否满足安全运行要求。另外，高分辨率航空数码影像可以供巡检人员判读输电线路和通道安全隐患和异常。在获取激光点云数据后，对其空间点云数据进行算法处理，对各类地物进行自动或半自动分类，并用于测量输电通道相关空间距离。

输电线路走廊信息提取与三维重建处理流程如图 3-29 所示，具体流程如下：

（1）无人机载 LiDAR 激光点云数据自动分类。机载激光雷达系统进行电力巡线时采集的激光点云，反映了采集瞬间的输电线路走廊的三维空间情况，包括走廊地形、地物和线路设施设备空间信息，包括杆塔、挂线点位置和电线弧垂等，但这些点的类型是未知的。因此，如果要实现自动化危险点检测，必须知道点的类型。线路到不同地物的距离要求是不同的，但应按照跨越规程进行完全的检测，需要对线路走廊地物参照跨越规程进行详细的分类，主要分出地面、树木、房屋、杆塔、被巡线路和被跨越线路，其他分类根据工程实际情况添加。点云的类型确定以后，可以直接基于激光点云数据可以精确量测线路走廊地物（特别是树木、房屋、交叉跨越）到导线的距离是否满足安全运行要求。

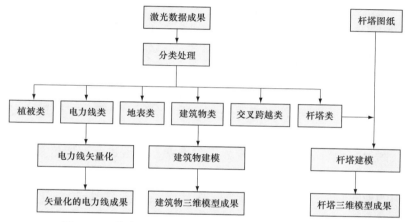

图 3-29　输电线路走廊信息提取与三维重建处理流程

（2）LiDAR 点云电力导线自动提取。激光点云经分类后，为了重建每根电力线，还必须从电力线候选点中识别出每个点属于哪根线。根据其点云数据对输电线路的走向进行粗提取，跟踪相邻点云数据，将同一条线路上的点云数据识别出来，根据其电力线点云走向的斜率变化确定电力线初步节点，将其节点连接成多段线，即为初步电力线。经过初步提取的电力线点云含有部分噪声点，要对电力线点云进行精确提取，剔除噪声点，最后根据电力线激光点云数据利用最小二乘拟合算法，对电力线进行矢量化，并输出矢量线成果。

（3）输电杆塔提取及三维建模。输电杆塔是输电线走廊重要的组成部分，其安全状况影响整条输电线路。输电杆塔形状一般比较复杂，其提取和三维建模比较困难。具体提取流程如下：

1）建立杆塔模型库。将杆塔分类，结合杆塔图纸，对每一类杆塔通过软件建模，形成包含绝大部分种类的杆塔模型库。

2）杆塔检测。结合影像，通过滤波和手工编辑，获取杆塔的点云数据。

3）杆塔信息提取。包括提取杆塔形状、代表杆塔位置的 1 个数据点。

4）模型匹配。通过提取的杆塔信息和杆塔模型库中的杆塔模型进行匹配，搜索出该杆塔所对应的杆塔模型。

5）插入模型。将匹配的杆塔模型插入到表示杆塔位置的数据点处。

杆塔提取流程如图 3-30 所示。

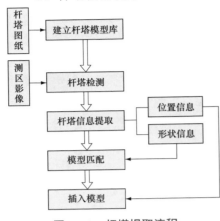

图 3-30 杆塔提取流程

（4）电力线走廊建筑物提取及三维建模。对点云进行滤波处理之后，通过交互式环境手工初选出某个房屋区域的点云，并进行检查，保留属于具体某个房屋的点云。由于无人机载 LiDAR 获取的屋顶信息居多，建筑物的其他信息如墙面信息相对不全，所以对每一个选择出来的单独的房屋点云进行处理尽可能只保留建筑物的屋顶，将建筑物的墙面点和一些附属物点如烟囱、阳台、台阶等都删去为重建做好准备；接着进行房屋信息提取，分为房屋轮廓线提取、房屋屋顶平面分割、屋脊线提取和重建精度评价；然后根据所提取出的建筑物的信息进行建筑物三维建模，如图 3-31 所示。

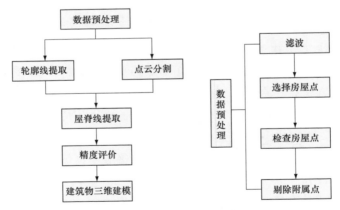

图 3-31 建筑物提取流程

在输电线路走廊三维可视化分析方面，可采用 OSG 图形技术结合 C++编程，开发输电线路走廊三维可视化分析软件。实现主要功能如下：

a. 大范围地形、地貌三维浏览，如放大、缩小、平移、漫游等。

b. 线路走廊（地形、跨越等）、输电线路设施、设备三维浏览（见图3-32），可详细到杆塔、绝缘子、间隔棒等设备的模拟显示。

图3-32　三维输电线及其走廊三维浏览

c. 绕某一杆塔自动旋转多视角观察：① 综合管理各种空间数据，包括正射影像、数字高程模型、激光点云、矢量图形等；② 海量激光点云的展示，可与地形的叠加；③ 可以基于地面模型，也可以基于激光点云按任意方向进行地形断面提取和显示；④ 线路走廊地物精确空间位置和属性管理；⑤ 基础杆塔、房屋、树木三维模型管理；⑥ 杆塔设计图纸管理；⑦ 弧垂自动计算显示；⑧ 沿线自动飞行、飞行线路定制与自动漫游；⑨ 二维、三维量测。

基于机载激光雷达系统可进行如下地质灾害监测：快速判断容易发生崩塌滑坡的边坡三维形变，检测边坡位移、形变量；快速检测灾害点边坡健康状况，以及潜在滑坡区域受损后的风险性和形变发展趋势；对已滑坡地段其受损后的形变发展趋势进行预测，指导灾后恢复、重建的规划、滑坡风险评价等，机载激光雷达系统的地质灾害监测如图3-33所示。

3.2.4　工程应用情况

2012年，国网四川省电力公司运用氢气飞艇搭载小型化激光雷达进行了电力巡线实验，高精度的三维激光点云数据可以提供电力走廊三维空间信息，实现走廊净空异常检查、杆塔倾斜及位移检查、提供精确的杆塔 **GPS** 坐标；其特点是其独特的穿透林区及植被缝隙的能力，可以获得植被地区精细地形、地貌及植被高度、杆塔、输电线路等分类信息，从不同时间段获取的这些信息中可以得到线路走廊植被生长周期、电线垂幅度变化规律等相关信息。电力巡线实验数据如图 3-34 所示。

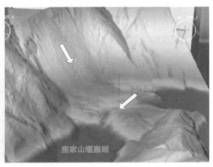

图 3-33　机载激光雷达系统的地质灾害监测图

图 3-34　电力巡线实验数据图

利用 LiDAR 测量技术快速扫描并恢复线路路走廊精确的地形、地物三维空间位置，能够实时记录作业时的环境变量信息，再利用计算机模拟提高荷载后的弧垂，进行弧垂对地距离安全检测，可以为提高线路载流容量提供依据（见图 3-35）。基于这种方法，还可以计算出哪些档可以在满足新载荷的情况下能安全运行，用移动杆塔位置、砍伐树木等来解决。

2015 年 8 月 28 日某线路 313 号塔位发生滑坡。滑坡体后缘海拔约 3020m，滑坡主滑方向约 NE 72°，滑坡剪出口位于前方公路附近，海拔约 3000m，滑坡相对高差约 20m。314 号塔位于山脊末端临近公路，山体坡度 30°～40°，塔腿距公路边界最近距离 42m，滑坡后 B 腿距滑坡体边缘约 5m，光学影像和无人机激光雷达影像细节等如图 3-36～图 3-39 所示。

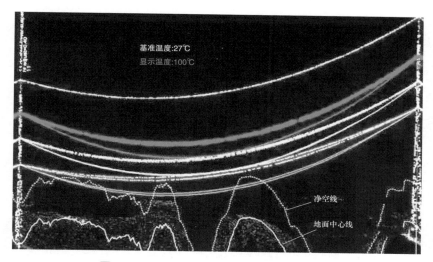

图 3-35　数据图用于导线弧垂对地距离研判

图 3-36　某线路 313 号塔位滑坡无人机光学影像

图 3-37 某线路 314 号塔位滑坡和 313 号塔位变形体光学影像

图 3-38 某线路 313 号塔位无人机激光雷达影像细节

机载 LiDAR 在工程应用实践中有以下优势：

（1）作为空基数据来源，机载 LiDAR 在输电线路优化设计中、在输电线路巡线中、在输电线路三维可视化管理中可得到广泛应用，其优势得到广泛认可。

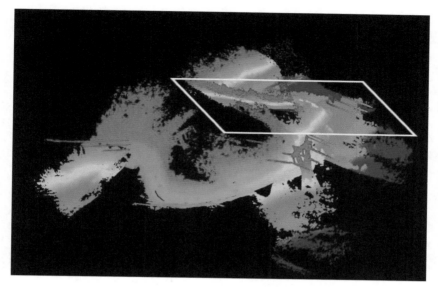

图 3-39　某线路 313 号塔位激光雷达影像高程数据分析

（2）结合多期点云和影像数据，通过点云滤波、空间差值，以及影像配准和灾前灾后的差值计算，提取地形变化或者其他专题变化图，可快速、直观地了解输电通道上的地质变化异常情况，并采取相应的处置方案。

（3）目前广泛应用的机载 LiDAR 技术，获取的海量数据后期处理导致了巨大的工作量。采用压缩处理和并行计算可以较好地解决这个问题。

3.3　地质灾害光纤传感监测

3.3.1　光纤传感监测技术概述

（1）光纤传感器的工作原理。光纤光栅传感器（Fiber Bragg Grating，FBG）自从 20 世纪 70 年代发明以来，就得到了世界各国工程技术人员的广泛关注。光纤传感器通常由光源、传输光纤、传感元件或调制区、光检测等部分组成。其工作原理是基于光纤的光调制效应，即光纤在外界环境因素（如温度、压力、电场、磁场等）发生改变时，其传光特性（如相位与光强）会发生变化的现象。也就是说，如果能测出通过光纤的光相位和光强的变化特点，就可以知道被测物理量的变化过程。光纤传感器原理如图 3-40 所示。

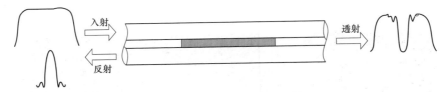

图 3-40　光纤传感器原理图

当一束光射入光纤传感器中时候，根据模耦合理论，$\lambda_{\mathrm{B}}=2n\varLambda$ 的波长就被光纤光栅所反射回去（其中 λ_{B} 为光纤光栅的中心波长，$\varLambda$ 为光栅周期，n 为纤芯的有效折射率）。反射的中心波长信号 λ_{B}，跟光栅周期 $\varLambda$，纤芯的有效折射率 n 有关。所以当外界的被测物理量引起光纤光栅温度、应力改变都会导致反射的中心波长的变化。也就是说光纤光栅反射光中心波长的变化反映了外界被测信号的变化情况。光纤光栅的中心波长与温度和应变的关系为

$$\frac{\Delta\lambda_{\mathrm{B}}}{\lambda_{\mathrm{B}}}=(\alpha_{\mathrm{f}}+\xi)\Delta T+(1-P_{\mathrm{e}})\Delta\varepsilon \tag{3-11}$$

$$\alpha_{\mathrm{f}}=\frac{1}{\varLambda}\frac{\mathrm{d}\varLambda}{\mathrm{d}T}, \quad \xi=\frac{1}{n}\frac{\mathrm{d}n}{\mathrm{d}T}, \quad P_{\mathrm{e}}=-\frac{1}{n}\frac{\mathrm{d}n}{\mathrm{d}\varepsilon}$$

式中　α_{f} ——光纤的热膨胀系数；

　　　ξ ——光纤材料的热光系数；

　　　P_{e} ——光纤材料的弹光系数。

在 1550nm 窗口，中心波长的温度系数约为 10.3pm/℃，应变系数为 1.209pm/με。

传感器的中心波长是通过光纤光栅传感分析仪进行解调，转换为数字信号，其变化如图 3-41 所示。

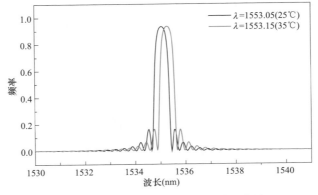

图 3-41　光纤解调仪获取中心波长变化

系统工作时，光纤光栅传感分析仪内部光源发出连续的宽带光，经光缆传输到监测现场布设的光纤光栅传感器。这些传感器内部的测量敏感元件——光纤光栅对该宽带光有选择地反射回相应的一个窄带光。经同一传输光缆返回到光纤光栅传感分析仪内部探测器来测定出各个传感器所返回的不同窄带光的中心波长，从而解析出各监测点的值。由于多个传感器所返回的窄带光信号中心波长范围不同，所以可以将这些传感器串接组网实现多点同时测量，大大简化了传感器及引出线的布设，避免了以往逐点测量的不便。

（2）光纤传感器在地质灾害监测领域中的应用。光纤传感系统在土木工程及大型结构体的监测中得到了较为广泛的应用，已经从混凝土的浇注过程扩展到桩柱、地基、桥梁、大坝、隧道、大楼、地震和滑坡等复杂系统的监测，出现了一系列工程应用实例。下面对滑坡和地质灾害监测工程中常用的光纤光栅传感器予以介绍，见表3-1。

表 3-1　　　　　　　　　　地质灾害监测中常用光纤光栅传感器

序号	传感器名称	功能	主要技术指标	图　例
1	光纤光栅式多点位移计	恶劣环境下长期监测建筑物、地基、边坡的分层位移变化	量程为25～200mm，精度为1.0%FS；灵敏度为0.1%FS	
2	光纤光栅表面裂缝计	适用于监测滑坡体的岩土裂缝	量程为12.5～200mm，精度为1.0%FS，灵敏度为0.1%FS	
3	光纤光栅压力传感器	测量孔隙水压力或液体液位	量程为0.35～5MPa，精度为1.0%FS，灵敏度为0.1%FS	
4	光纤光栅式液位计	适用于各种液体液面高度的精确测量	量程为150～600mm，精度为1.0%FS，灵敏度为0.1%FS	

序号	传感器名称	功能	主要技术指标	图 例
5	光纤光栅静力水准系统	适合于要求高精度监测垂直位移的场合，可监测到0.05mm 的高程变化	量程为 50～600mm，精度为 1.0%FS，灵敏度为 0.1%FS	
6	光纤光栅温度计	需要温度测量的场合	量程为 -30℃～+80/+120/+150℃mm，精度为 1.0%FS，灵敏度为 0.1%FS	
7	光纤光栅解调仪	多通道光纤光栅信号解调及输出	波长范围 1525～1565nm；精度±2pm 分辨率 0.1pm，动态范围＞50dB	

3.3.2 工程应用情况

此处选取输电线路杆塔滑坡和变电站地面沉降这两类典型的输电通道常见地质灾害，介绍光纤传感技术在输电线路地质灾害监测中的应用情况。

（1）现场概况。某 500kV 双回输电线路 50 号杆塔位于四川省阿坝藏族羌族自治州茂县。根据施工资料，可以获取该塔的地质状况，见表 3-2。这种地质构造，在春夏常有暴雨作用下，极易发生滑坡。

表 3-2　　　　某 500kV 双回输电线路 50 号塔地质情况汇总表

塔		地质情况
A 腿	0～6m	混黏性土碎块石，黄褐色，稍密，粒径一般 2～50cm，大者超过 1.5m，岩性以千枚岩、板岩、变质砂岩等为主，强中风化；以黏性土及砾石等填充，含量 20%～35%
	6m 以下	千枚岩，浅灰色，变余结构，千枚状构造，强风化厚度约为 2～3m，节理裂隙发育，岩体破碎，岩层产状 3400∠320，该层岩性均匀性较差，不均匀地夹杂石英岩脉、板岩、变质砂岩等硬质岩石
B、D 腿	0～9m	混黏性碎土块石，黄褐色，稍密，粒径一般 2～50cm，大者超过 1.5m，岩性以千枚岩、板岩、变质砂岩等为主，强中风化；以黏性土及砾石等填充，含量 20%～35%

塔		地质情况
B、D 腿	9m 以下	千枚岩，浅灰色，变余结构，千枚状构造，强风化厚度约为 3～4m，节理裂隙发育，岩体破碎，岩层产状 3400∠320，该层岩性均匀性较差，不均匀地夹杂石英岩脉、板岩、变质砂岩等硬质岩石
C 腿	0～11.6m	混黏性碎土块石，黄褐色，稍密，粒径一般 2～50cm，大者超过 1.5m，岩性以千枚岩、板岩、变质砂岩等为主，强中风化；以黏性土及砾石等填充，含量 20%～35%
	11.6m 以下	千枚岩，浅灰色，变余结构，千枚状构造，11.6～14.3m 呈全～强风化状，节理裂隙发育，岩体破碎，节理裂隙面间多见泥化物填充，手捏易碎，岩层产状 3400∠320；14.3m 以下为中风化为主，该层岩性均匀性较差，不均匀地夹杂石英岩脉、板岩、变质砂岩等硬质岩石

2012 年 11 月 19 日，由国网四川省电力公司电力科学研究院等单位共同组成的联合灾害调查组对该塔开展了联合野外考察。现场坡面附近所见土体性质与前述描述符合，现场地质勘探情况如图 3-42 所示。

(a)

(b)

(c)

(d)

图 3-42 某 500kV 双回输电线路现场地质勘探情况

(a) 坡面支护附近的含石杂土；(b) 距坡面支护较远处的岩质地层；
(c) 岩质地层的岩石产状特征；(d) 坡面风化岩质碎屑

图 3-43　某 500kV 双回输电线路坡顶
裂隙深度

据现场人员介绍，坡体的位移主要发生在连续降雨几天后，塔基后方 200m 左右的范围内，原支护结构随坡后土体整体发生位移，导致原塔体出现倾斜。在公路上方的坡顶，经现场踏勘，发现坡顶地表有沿坡面方向断断续续的裂隙分布，表面能直接测到的裂隙深度约 40cm（见图 3-43）。裂隙具有一定宽度，最大宽度约 20cm，深度为 40cm。裂隙为滑坡体整体向塔基方向位移的结果，也可能与深层的地质构造有关。该裂隙分布长度较大，在雨季可能成为雨水下渗的通道，进一步威胁坡体的安全。该滑坡体一旦失稳，将造成断线倒塔。

（2）监测方案设计。传感器及设备的现场放置位置如图 3-44 所示。选择光纤光栅式多点位移计，对滑坡体不同深度位移进行监测。用钻机钻孔，在不同深度安装 4 个锚头，灌浆锚固，用于监测 4、6、10、16m 不同深度的滑坡体位移（位于土层断面上）。当滑体受力变化、相对滑床沿滑面移动，滑面时，附近将出现明显变形。锚头带动光纤光栅位移计随之拉伸，从而测量该处的滑坡形变。

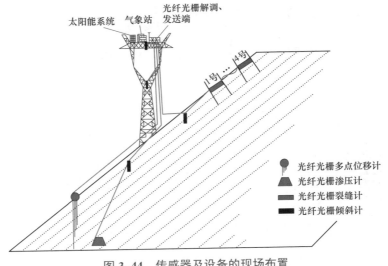

图 3-44　传感器及设备的现场布置

选择光纤光栅表面裂缝计，埋设于地表岩土裂缝两侧，实时监测裂缝的变化情况。采用等间距均匀分布的方式将位移计布置在周边裂缝上，间隔 10m 左右。安装时，利用表面裂缝计两端的固定部件跨缝布置在被监测点上。除位移外，对滑坡的其他诱发因素进行监测有利于提供辅助决策信息。对于中小型滑坡而言，雨量已经成为诱发滑坡的主要原因之一。因此，在杆塔上布置自动雨量计，对雨量信息进行监测。供电采用选取 40W 太阳能发电系统 GH–40W1 供电，并配备 12V 20Ah 硅能蓄电池。

所有的监测数据回传成都控制中心，采用 GPRS❶/3G 的通信方式统计见表 3–3。

表 3–3　　　　　　　某 500kV 双回输电线路杆塔监测设备统计

监测装置	监测位置	设备数量	型号规格、主要技术指标
多点位移计	顺塔方向沿坡体布置	1	量程为 200mm，精度为 1.0%FS；灵敏度为 0.1%FS。用于监测 4、6、10、16m 不同深度的滑坡体位移
光纤光栅表面裂缝计	坡顶裂缝位置	4	量程为 200mm，精度为 1.0%FS，灵敏度为 0.1%FS。采用等间距均匀分布的方式将位移计布置在周边裂缝处，间隔 5m
光纤光栅式渗压计	塔底的滑坡体上	1	量程为 1MPa，精度为 1.0%FS，灵敏度为 0.1%FS
光纤光栅倾斜计	塔顶、塔中、坡上、坡中	4	量程为 ±10°，精度为 ±0.025%FS
光纤光栅解调仪	塔顶部	1	波长范围 1525～1565nm，精度 ±2pm，分辨率 0.1pm，动态范围＞50dB
雨量计	坡顶位置	1	测量范围为 0～8mm/min，分辨率为 0.2mm
总计	现场构建 2 个监测子系统：光纤光栅子系统和雨量监测系统。共采用传感器 14 个。数据采集和发送单元 1 个		

（3）监测效果。输电通道滑坡监测系统于 2013 年 5 月 3 日安装调试成功，到 2013 年 12 月份因 50 号塔移塔施工拆除，整个雨季设备一直工作正常。

由于 2013 年 8 月 8 日凌晨开始，被测杆塔附近出现暴雨。测量的降雨量为 62.6mm，属于暴雨级别。8 月 8 日每小时最高降雨量达到了 8mm。在系统监测数据中，如图 3–45 所示，1～4 号表面裂缝计出现 5～10cm 的裂缝增量，说明表层裂缝有所增大。同时，渗压计观测到地下水位压强也明显增大。应变计、倾角计等数据也随之明显变化，符合滑坡体变形加速的特征。特别是从 8 日早上 7 点开始，坡体上的倾角计传回的数据表明，滑坡体的倾斜角度大概以 0.05°/h 的速率增长。同时，杆塔顶部和杆塔中部的倾斜计也表明杆塔的倾

❶ GPRS—General Packet Radio Service，通信分组无线服务技术。

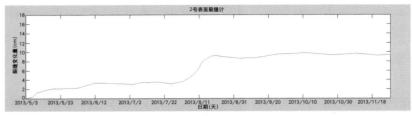

3号表面裂缝计

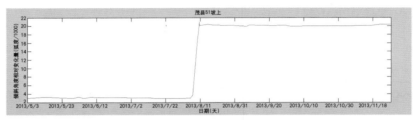

4号表面裂缝计

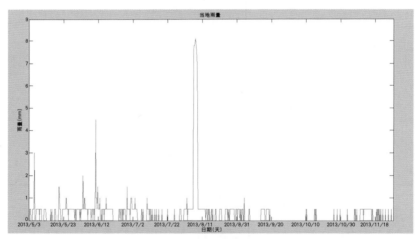

茂县50号坡上倾角

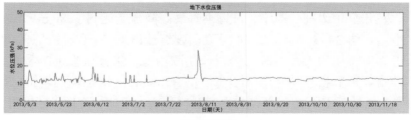

茂县当地雨量

图 3-45　部分传感器 2013 年 5～11 月的数据曲线

斜角度也在发生变化。这些数据表明现场的滑坡有加速变形的趋势。输电通道滑坡监测预警软件根据预先设定的阈值，监测软件发出了监测现场状态异常的预警信息。8 月 11 日巡线员克服道路阻断、山高路滑的危险，赴现场实地勘察，并用卷尺和目测的方式对 50 号塔传回的测试数据进行了检验。4 个裂缝计的监测数据完全正确。同时，杆塔也出现了肉眼可以观测到的倾斜。

虽然，自 8 月 10 日夜间开始，滑坡体变形和杆塔基本保持不变，但此时杆塔的倾斜总量已经超过了 2% 的严重级别。根据 Q/GDW 173—2008《架空输电线路杆塔状态评价标准》，该塔已经处于严重危险的状态。根据监测结果综合判断，及时发出该塔位滑坡预警信息，上报国网四川省电力公司运检部。依据上述监测数据和现场勘察结果，国网四川省电力公司检修公司在 2013 年底启动了移塔的工作，将 50 号塔迁改到安全的地方，避免了滑坡倒塔的风险。

3.4　灾害监测与预警体系

3.4.1　基于天空地的灾害监测概述

输电走廊地质灾害监测、预警、评估和治理依赖于大量地质灾害相关的监测数据。获取这些数据的方法包括卫星遥感、无人机遥感、地质雷达、地表传感等各类技术手段。这些支撑技术平台是地质灾害监测获取数据的核心手段。

（1）卫星遥感技术。卫星遥感技术是一门综合性的科学技术，它集中了空间、电子、光学、计算机通信和地学等学科的成就。卫星遥感以人造卫星为平台，利用可见光、红外、微波等探测仪器，通过摄影或扫描、信息感应、传输和处理，从而识别地面物质的性质和运动状态。卫星遥感技术的迅猛发展，将人类带入一个多层、立体、多角度、全方位和全天候对地观测的新时代。由各种高、中、低轨道相结合，大、中、小卫星相协同，高、中、低分辨率相弥补而组成的全球对地观测系统，能够准确有效、快速及时地提供多种空间分辨率、时间分辨率和光谱分辨率的对地观测数据。

（2）航空遥感技术。航空遥感技术又称机载遥感技术，是指利用各种飞机、飞艇、气球等作为传感器运载工具在空中进行的遥感技术，是由航空摄影侦察发展而来的一种多功能综合性探测技术。飞机是航空遥感的主要平台，它具有分辨率高，调查周期短，不受地面条件限制，资料回收方便等特点。高空气球或飞艇遥感具有飞行高度高、覆盖面大、空中停留时间长、成本低和飞行管制简单等特点，同时还可对飞机和卫星均不易到达的平流层进行遥感活动。

近年来新兴发展起来的激光雷达和无人机遥感技术很好地解决了传统空间、地理信息采集领域中的成本贵、效率低、精度差的问题，为快速、高效、低成本的地面小范围地理信息采集和地下空间三维信息采集提供了技术基础，为突发地质灾害监测、灾害动态仿真模拟、预测预警模型、灾害预测预警系统和信息快速发布反馈系统提供了先进的技术支撑。

（3）地质雷达技术。探地雷达（Ground Penetrating Radar，GPR）技术是利用一个天线发射高频电磁波，另一个天线接收来自地下介质界面的反射回波。当地质雷达采用自激自收的天线和地层倾角不大时，反射波的全部路径几乎是垂直地面的，因为电磁波在介质中传播时，其路径、电磁场强度和波形随所通过的介质的电性质及几何形态而变化，所以根据接收到的波的旅行时间、幅度与波形资料，可以推断介质的结构及地质体内部岩性、地下水及空洞、裂缝等灾害相关信息。与钻孔、地震勘探等常规的地下探测方法相比，探地雷达具有探测速度快，探测过程连续、分辨率高，操作方便灵活，探测费用低，探测范围广（能探测金属和非金属）等优越性。

（4）光纤传感技术。光纤工作频带宽，动态范围大，适合于遥测遥控，是一种优良的低损耗传输线；在一定条件下，光纤特别容易接受被测量或场的加载，是一种优良的敏感元件；光纤本身不带电，体积小、质量轻、易弯曲、抗电磁干扰、抗辐射性能好，特别适合于易燃、易爆、空间受严格限制及强电磁干扰等恶劣环境下使用。因此，光纤传感技术一问世就受到重视，几乎在各个领域得到应用，成为传感技术的先导。

光纤传感，包含对外界信号（被测量）的感知和传输两种功能。所谓感知（或敏感），是指外界信号按照其变化规律使光纤中传输的光波的物理特征参量，如强度（功率）、波长、频率、相位和偏振态等发生变化，测量光参量的变化即"感知"外界信号的变化。这种"感知"实质上是外界信号对光纤中传播的光波实时调制。所谓传输，是指光纤将受到外界信号调制的光波传输到光探测器进行检测，将外界信号从光波中提取出来并按需要进行数据处理，也就是解调。

（5）振弦类传感技术。振弦式仪器自20世纪30年代发明以来，以其独特的优异特性如结构简单、精度高、抗干扰能力强，以及对电缆要求低等而一直受到工程界的注目。振弦式传感器是把被测量物理量转换为频率的变化，属于机械传感器的范畴。根据弹性体振动理论，一根金属弦在一定的拉应力作用下，具有一定的自振频率，当其内部的应力变化时，它的自振频率也随之变化，金属丝振动频率与张力的平方根成正比。通过测量钢丝弦固有频率的变化，就可以测出外界参数的变化，振弦式传感器就是根据这一原理制作而成的，利用这种变换关系可以用来测量多种物理量。

　　输电通道地质灾害监测的总体思路是，利用多波段、多空间的各类传统及先进监测技术手段，对目标区域和点位进行持续监测，并通过对多类监测数据的分析和验证，结合经济性分析，获得经济性、准确性兼具的输电走廊地质灾害监测技术手段。多维度灾害监测体系如图 3-46 和地质灾害监测思路如图 3-47 所示。

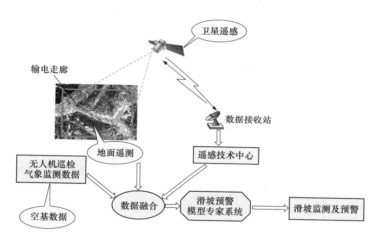

图 3-46　多维度灾害监测体系

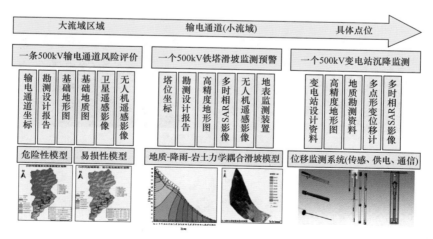

图 3-47　地质灾害监测思路

监测手段空间维度和卫星遥感监测数据如图 3–48 和图 3–49 所示。

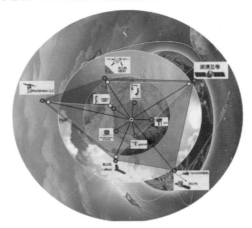

图 3–48　监测手段空间维度示意图

监测手段 1：卫星遥感技术；

监测维度：天；监测尺度：面；监测数据类型输出结果：cm。

监测目标：利用监测区域的高分辨率光学和 SAR 遥感影像，进行地质灾害因子的提取，并通过多时相遥感影像的解译，为沉降和滑坡等地质灾害风险提供评价和预警的信息。

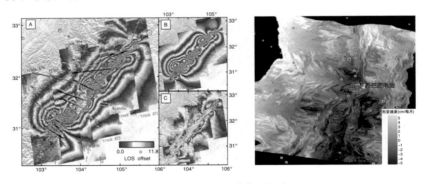

图 3–49　卫星遥感监测数据

监测手段 2：航空遥感技术多普勒雷达；

监测维度：空；监测尺度：线；监测数据类型：cm。

监测目标：直接获取电力线下的地形地貌激光点云数据，进而生成对应区域的 DEM 数据，通过比较不同时相的 DEM 数据，判断该地区发生地质灾害的潜在可能性，从而实现对地质灾害的预警以及灾害发生后，在最短的时间内获取灾害现场的具体情况。

机载激光雷达监测数据如图 3-50 所示。

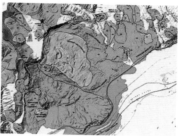

图 3-50　机载激光雷达监测数据

监测手段 3：在线监测技术；

监测维度：地；监测尺度：点；监测数据类型：cm。

监测目标：针对具体输电线路杆塔，对其附近滑坡体的外部位移、内部变形和环境参数展开在线监测。

在线监测装置监测数据如图 3-51 所示。

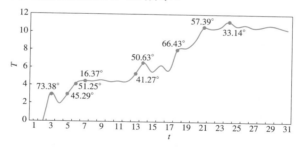

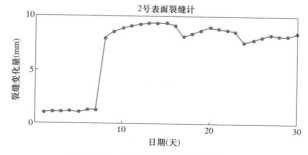

图 3-51　在线监测装置监测数据

3.4.2　输电走廊滑坡风险评价体系

地质灾害的发生是地质环境变异的结果，而地质环境是一个由众多因素确定的复杂体系；地质灾害空间预测和危险性区划的难点正是在于如何合理地把握这些因素，并确定它们对灾害发生过程的贡献，这对开发一套具有一定通用性的评价预测系统显得尤为重要。因此，为了保证地质环境与地质灾害危险性综合评价的客观性，必须建立一套相对合理和规范的评价指标体系。

（1）评价指标体系。

1）控制地质灾害危险性的主要因素。影响斜坡稳定性的因素，也即控制和影响崩塌、滑坡、泥石流地质灾害孕育发生的因素。影响稳定性的因素主要有坡度、坡高、岩性、坡体结构类型、软弱地层、构造、地面变形迹象、植被覆盖率等。

a. 坡度。坡度对滑坡地质灾害的发生有很明显的控制作用，坡度不同，不仅会影响坡体内部沿已有的或潜在的滑动面的剩余下滑力的大小，还在很大程度上确定了斜坡变形破坏的形式和机制。但是坡度和斜坡稳定性之间并不是简单的线性关系，而且坡度对斜坡稳定性的控制作用几乎总是与坡高、岩土体组合、斜坡结构等因素共同作用。

b. 坡高。对于一个斜坡单元而言，对其进行稳定性评价时，其坡高一般是需要重点考虑的。在其他条件都相同的情况下，坡高越大，对稳定性越不利。但是若区域评价是基于客观的评价网格而不是基于已有的或潜在的变形破坏单元时，坡高将变得很难刻画，坡体范围尚未确定，坡高自然也就无从谈起。

c. 岩性。作为斜坡的物质组成，岩土体的性质对斜坡的稳定性必然有很大的控制作用。在收集基础地质资料的时候，获得的往往是地质图，即地质意义上的岩性，而不是工程意义上的岩土体类型，所以评价前还要将之转化为符合工程评价需要的工程岩土类型，这个过程中除了考虑岩土体的类型、物理力学性质外，还要适当结合岩土体的结构特征。

d. 坡体结构类型。坡体结构类型是指在层状岩体组成的斜坡中，由坡面、岩层产状、河流或沟谷流向三者之间特定的组合方式决定的斜坡形态。坡体结构类型对坡体的稳定性也具有很重要的控制作用。大量野外滑坡调查表明，在河流流域地区，坡体结构类型不同，坡体变形发展乃至最终破坏的形式是截然不同的。其中岩层走向和河流走向之间的关系对斜坡稳定性的影响尤为突出，一般来说，横向直交坡最为稳定，斜向坡次之，而顺向坡对坡体的稳定性尤为不利。

e. 软弱地层。软弱地层的存在，不仅因其工程特性差而影响坡体的稳定性，关键还在其常常作为控制性的底滑面直接降低坡体的稳定性，特别是软弱岩层在适当的地下水作用条件下可能饱水软化形成软弱夹层，更是大幅度降低坡体的稳定性。当软弱地层较厚，并平缓地出露于坡底形成软弱基座时，则还将控制斜坡的变形破坏模式，可以因为软弱基座的压缩、蠕变导致坡体后缘产生拉张裂缝，随着变形的进一步发展，最终贯通形成统一的滑动面，产生破坏。但是，由于软弱地层对斜坡稳定性的影响在空间上往往并不是局限于其本身所出露的部位，而是影响与之关联的整个变形破坏单元的稳定性，所以和坡高相似的情况，在基于网格图元的区域评价中，这个指标也变得比较难刻画。

f. 构造。构造对斜坡的稳定性也有一定的影响。断层的存在，主要是断层带及其附近一定范围内的岩土体将遭到破坏，从而降低坡体的完整性程度，同时作为重要的地下水通道，对斜坡的变形和破坏也必然带来不可避免的不利影响。褶皱引起的大范围的岩层产状的变化已经在斜坡结构类型中得到了体现，因而考虑其对斜坡结构类型的影响也主要是鉴于其对岩土体完整性的破坏和为地下水提供了运营通道。当然现代活动构造引起的附近岩体内部的地应力状况的改变也是不容忽视的。特别是在活动断层附近的斜坡稳定性评价中更应给予应有的重视。

g. 地面变形迹象。地面宏观变形在野外综合地质评判中具有很大的控制意义。因为其他的因素基本上都只是反映了坡体赋存的地质环境和其本身的结构组成等静态信息，唯有地面变形情况在一定程度上反映了斜坡变形发展的阶段，这对于从宏观上对斜坡在不久的将来发生破坏与否进行判断具有很大的参考价值。

h. 植被覆盖率。植被状况对斜坡稳定性具有一定的影响作用。概括起来，植被对斜坡稳定性的贡献除了大幅度减少坡面破坏以外，其根茎还具有一定的根固作用，同时植被的存在，还有利于减缓坡面水流的流动速度。

i. 已有地质灾害。在进行地质灾害区域评价时，自然要考虑已经发生的地质灾害。同时考虑到地质灾害往往具有群发性、灾害链等特点，已经发生了灾害的局部区域及其附近就有很大的可能复活形成新的灾害或者转而形成其他类型的地质灾害。

j. 河流地质作用。此处河流地质作用是指河流对斜坡坡脚的冲刷掏蚀作用。根据水利学原理，在河流的凹岸，堆积和掏蚀共同作用的结果为侵蚀，在凸岸表现为堆积，直线岸则保持动态的冲淤平衡。斜坡坡脚遭到侵蚀时，对斜坡的稳定性是极为不利的，主要是通过削弱斜坡前缘抗力体和增大临空面两种方式来影响斜坡的稳定性。

k. 裂隙发育状况和结构面组合情况。组成斜坡的岩体内部发育的结构面在特定的组合方式下，往往控制着整个坡体内滑动面的发展，同时，结构面的存在还加大了地下水的活动能力，从而间接削弱斜坡的稳定性。所以，对于研究程度比较高的地区，倘若加入裂隙发育状况和结构面组合情况这个评价指标，评价结果更为可靠。然而，在区域上往往还达不到这么高的研究程度。

l. 降水。降水，特别是暴雨是斜坡失稳的一个重要的诱发因素。降雨诱发崩滑地质灾害主要是通过地下水作用间接体现的。很多滑坡都是在暴雨之后发生的，并且大多具有较为明显的滞后效应。降水沿坡面或坡体后缘下渗，除了增加坡体自身的重力、扬压力增高，进而增大下滑力之外，更重要的是，下渗的地下水使得坡体内部空隙水压力发生剧烈的变化，根据有效应力原理，随着空隙水压力的增大，有效应力随之减小，从而引起坡体内部土体颗粒之间或者是结构面上的摩擦力减小，降低斜坡的稳定性。考虑到与水下渗和地下水运移的滞后效应，在进行区域评价时，既要考虑一定时间内降水的强度，也必须考虑降雨持续的时间长短，所以工程上常常采用三日最大降雨量、一日最大降雨量、年降雨量等作为评价指标。

m. 地震。地震，特别是在高地震烈度区，也是诱发处于临界状态的斜坡失稳的一个重要因素。如果对于整个评价区域来说，地震烈度区划没有局部变化，则地震作为区域背景值将使得整个区域的斜坡稳定性都得到一定程度的降低。如果区域内地震烈度区划有分异，则在考虑地震影响的情况下，区域滑坡稳定性区划也将相应的发生变异。一般采用基本烈度作为刻画地震影响的指标。

n. 地表水体。对于水库库岸稳定性进行评价时，还不能不考虑库水体，特别是库水位的变化对斜坡稳定性带来的不利影响。库水位的升降引起坡提体前缘内部动水压力的变化，从而降低有效正应力，对斜坡稳定性产生不利影响。

o. 人类工程活动。随着人类文明的进步和发展，人类活动，尤其是人类工程活动，对自然的改造强度和频度比以往任何时候都大，这些活动必然也会对周围一定范围内的斜坡的稳定性产生影响，成为斜坡失稳的最为活跃的诱发因素。实际评价中，一般主要考虑交通路线、城市集镇以及矿山开挖、堆填方等因素。

2）杆塔稳定性的评价指标。根据 GB 50330—2013《建筑边坡工程技术规范》对边坡滑塌区有重要建（构）筑物施工时必须对坡顶水平位移、垂直位移、地表裂缝和坡顶建（构）筑物变形进行检测。杆塔基础建立在地表之上，对杆塔滑塌危险进行评价时可以借助杆塔周边的监测数据进行。根据滑坡监测内容的布置，有杆塔倾斜度、裂缝宽度、塔基下边坡倾斜度、挡墙下倾斜度四个评价指标。

　　a. 杆塔倾斜度。根据监测方案的设计选择倾斜度作为监测指标之一。依照数值计算结果不同折减系数下的倾斜度作为划分依据。

　　b. 塔测斜仪。依据 DL/T 5154—2012《架空输电线路杆塔结构设计技术规定》，杆塔允许的扰度为 $3h/1000$（不包括基础倾斜和拉线点位移。h 为杆塔最长接腿基础顶面至计算点的高度）。依据 DL/T 5210.1—2012《电力建设施工质量验收及评价规程　第 1 部分：土建工程》，对于输电杆塔类设备，允许杆塔倾斜标准为直线塔 3‰，高塔 1.5‰；其塔基方面的要求为平整、无明显沉降等。依据 Q/GDW 173—2008《架空输电线路杆塔状态评价标准》附录一，线路单元状态量评价标准，杆塔倾斜状态可以分为四类。这是杆塔预警等级的分类标准（见表 3-4）。

表 3-4　　　　　　　杆 塔 倾 斜 评 价 指 标

输电线路杆塔单元评价标准	一般杆塔（50m 以下）	50m 以上杆塔
正常状态	倾斜度小于 10‰	倾斜度小于 5‰
注意状态	倾斜度 10‰～15‰	倾斜度 5‰～10‰
异常状态	倾斜度 15‰～20‰	倾斜度 10‰～15‰
严重状态	倾斜度大于 20‰	倾斜度大于 15‰

　　c. 裂隙活动强度。根据以往所得到裂缝监测经验，定出评价的指标范围，形成了较规范完善的评价体系。由于国内外对于动态非连续滑坡过程的模拟方法还不成熟，涉及非连续变形—蠕变—流固耦合—散体力学等多学科，暂无相关的可靠的流固耦合裂缝扩展数值模拟方法，在考虑安全的前提下，取较大的裂缝作为评价依据，见表 3-5。

表 3-5　　　　　　　杆 塔 位 移 评 价 指 标

区域	评价指标
危险性分区	裂缝变形现象及沉降量≥20cm
低危险区	裂缝细小并且没有贯穿无明显变形破坏，垂直位移小于 1cm
中危险区	裂缝较大部分贯穿有部分变形破坏，垂直位移 1cm<S<5cm
高危险区	裂缝大且整体贯穿且有明显变形破坏垂直位移大于 5cm

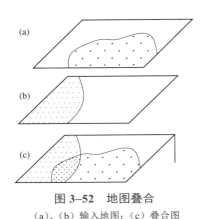

图 3-52　地图叠合

(a)、(b) 输入地图；(c) 叠合图

（2）评价方法。

1）理论基础。在直观概念上，空间叠加分析就是将两个或两个以上的专题地图重叠放在一起，产生新的多边形和新多边形范围内的属性（见图 3-52）。

基于 GIS 对地质环境评价与地质灾害危险性区划模型的分析，实质上是针对各评价因素层（输入层）的某种函数的叠加运算，叠加运算的结果即危险性等级区划（输出层），即，危险性等级区划层=f（2 个或多个评价因素层），函数 f 则表示评价因素层之间的空间运算关系。为了使空间叠加分析易于实现，或空间叠加操作尽量简单化，在图层的数据组织上一般选择栅格数据结构的方式。这种栅格数据结构类似于矩阵，其叠加操作即简化为矩阵行列位置上对应属性值的函数运算。栅格数据的空间叠加分析如图 3-53 所示，图层 1 的 x_{1k} 单元、图层 2 的 x_{2k} 单元和图层 i 的 x_{ik} 单元，它们的单元尺寸和空间位置（行列号）是完全相同的，分析评价只针对它们的属性值，即对各图层单元属性集建立函数关系。

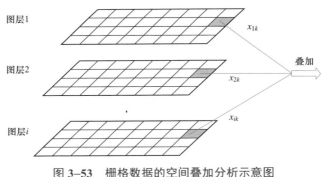

图 3-53　栅格数据的空间叠加分析示意图

可见，GIS 评价预测模型的理论基础是基于栅格类型的空间叠加分析模型，即

$$Y = f(X_1, X_2, \cdots, X_n) \qquad (3-12)$$

式中　　　　Y ——危险性等级；

$X_1, X_2, \cdots, X_n$ ——其中某一评价因素图层的特征属性集；

f ——评价预测数学模型；

n ——参与运算的评价预测因素的个数。

GIS 系统中 f 所表示的危险性评价预测模型，大致有两类。

a. 一类是简单叠加分析、图层权重叠加分析的简单模型。这类模型多是以专家经验评分方式来确定因素图层特征属性类别和权系数的经验模型，主要不足之处在于它们具有简单的线性附加特征。

b. 一类是数量化理论方法、信息量法、模糊综合评判方法、模糊可靠度方法、非线性神经网络方法等复杂模型。这类模型有较严格的理论基础，如统计理论（数量化理论方法）、信息理论（信息量法）、系统论（层次分析法）、模糊理论（模糊综合评判和模糊可靠度方法）、非线性性理论（神经网络方法）等，优点在于它们改进了简单模型的线性附加性质。此外，神经网络方法还以其非线性附加性质模拟了复杂地质系统的非线性特征。

2）评价预测单元。数学模型在评价预测时均涉及评价预测单元的选取问题。例如，依据统计理论的评价预测模型，如多元线性回归方法、聚类分析方法等，须用样本的观测结果来描述总体特征，而样本的随机性、均匀性、代表性是获得可信统计模型的保证。样本从空间分布的意义上讲就是具有一定属性的面域，即评价基本单元。评价预测单元一般有两种。

a. 自然单元。评价基本单元为不规则多边形（Polygon），其划分原则是：① 以地形，地貌相对突变边界（如山脊、沟谷等）为单元边界；② 以岩性突变边界作为单元边界；③ 以岸坡类型的改变作为单元边界。这种划分方法人为因素较多，目的性较强；评价预测单元的数量相对较少，计算量不大，但所分辨和反映的空间目标相对有限。限于计算机的处理能力和发展水平，传统评价预测中多采用这种多边形自然单元作为评价预测基本单元。

b. 等面积网格状的单元。评价基本单元为方格网或栅格（Grid），网格单元的面积大小反映空间目标的分辨能力和空间内部的变异规律。其确定受两个因素的影响：① 地质实体的精度，在约定比例尺地面制图上，网格单元精度应当反映出地质实体的空间分布和属性特征；② 计算机处理能力。如果网格单元尺寸选小了，描述的地质实体精度高，但相应地增大了网格数量和存储资源的损耗，评价预测模型的运行速度也相应减慢；如果网格尺寸选得过大，相应地精度则降低，可能无法表示相对较小的地质实体。因此，选择网格单元尺寸时，应根据各评价因素图层（数据项）的空间分辨力，以及现有计算机的处理能力，采用多种方案试验对比的方法来确定合理的单元大小。

（3）空间评价模型。随着计算机技术和 GIS 技术的不断发展，空间评价模型也越来越多样化，从较简单的图层叠加和图层权重叠加线性模型到数量化理论方法、信息量方法、模糊综合评判方法、人工神经网络方法等非线性模型，然而在实际应用过程中最常用的是图层权重叠加分析模型，该方法在 GIS 系统下非常容易实现，而且改进了简单叠加模型的线性附加性质，用权重反映各评价因素在评价预测分析中的不同地位，实践证明只要评价因子选取和权重计算得当，可以取得较理想的评价结果，其模型表示为

$$Y = W_1 X_1 + W_2 X_2 + \cdots + W_p X_p + \cdots + W_m X_m \qquad (3\text{--}13)$$

其中
$$X_p = \left[x_{ij}^{(p)} \right]_{n \times n}, \quad Y = \left[y_{ij} \right]_{n \times n}$$

式中　　X_p——第 p 个评价因素的属性集；

　　　　Y——评价结果属性集；

$W_1, W_2, \cdots, W_m$——相应评价因素的权重。

权重可以采用专家经验直接给出的方法确定，也可以采用其他方法如层次分析法等来确定。

3.4.3　工程应用情况

下面以电网地质灾害监测预警系统为例介绍实际工程应用情况。

（1）总体架构图。总体架构图包含本系统、外部系统以及它们之间的数据流。该图定义系统的边界、与外部环境接口的界面，如与应用系统、网络、组织运行机构的接口等。预警平台总体框架如图 3-54 所示。

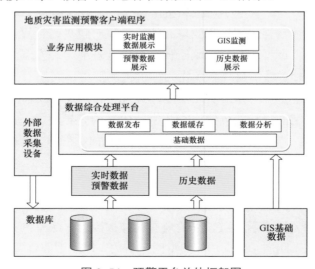

图 3-54　预警平台总体框架图

（2）部署结构图。部署结构图中，标示出服务器和客户端机器，表达出各个系统的各个可部署部件在这些机器上的部署关系，并用连接线表示各个部件之间的数据传输关系，结构如图3-55所示。

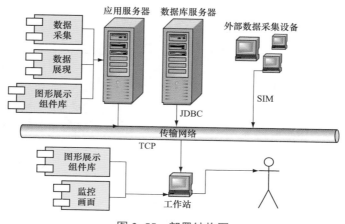

图3-55　部署结构图

（3）系统描述。系统基于光纤传感器、测斜仪、大量程位移计、裂缝计、一体化雨量站、光栅解调仪、无线通信和太阳能供电装置，实时在线监测站点的雨量、地面沉降、地表裂缝、杆塔倾斜角度、地面坡体倾斜角度等信息。光纤传感器来测量到的光信号经过光纤传到光栅解调器，解调为电信号，经微控制器处理后，由无线GPRS模块通过移动网络，发送到控制中心，完成对输电通道地质灾害的实时监测。同时，无线GPRS模块可以接收控制中心的指令，进行远程在线设置（如采集时间间隔、传送时间间隔、实时数据请求等），实现实时测量。

（4）系统功能。系统功能如图3-56所示，系统客户端展示界面分为监测数据展示、GIS监测展示、预警数据展示、历史数据展示4个模块，界面结构如图3-57所示。

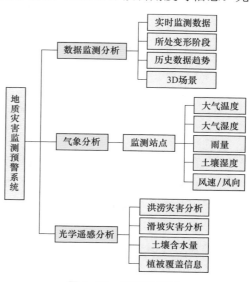

图3-56　系统功能图

图 3-57　界面结构图

1）系统运行及操作方式。

a. 后台服务提取到现场传感器的数据，存储在本地数据库服务器中（见图 3-58）。

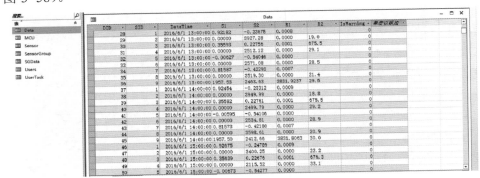

图 3-58　数据库服务器

b. 在 GIS 信息地图中，准确定位显示监测站点位置。

c. 在 GIS 中，单击监测点位，在监测数据展示、预警数据展示、历史数据展示 3 个模块展示监测点位的实时数据、预警数据、历史数据。

d. 在 GIS 中，单击监测点位，再单击左边"三维展示"按钮，弹出窗口显示监测点位的 3D 场景，展示监测点位的地形、地貌相关特征。

e. 在数据监测展示模块中，单击雨量图标，展示详细的雨量曲线图，X 轴显示时间（24h），Y 轴显示雨量的实际数值（单位为 mL）；单击地面沉降、地表裂缝、杆塔倾斜角度、地面坡体倾斜角度，展示相关详情曲线，见图 3-59。

　　f. 输电走廊早期预警判据各阶段展示方式如图 3-60 所示。

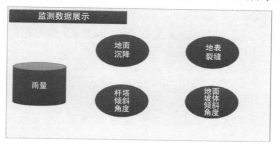

图 3-59　监测参数展示

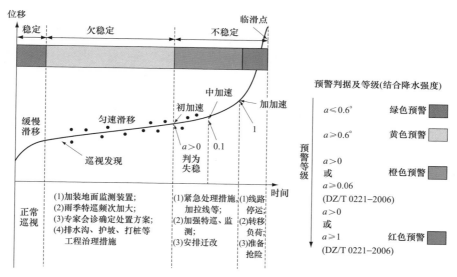

图 3-60　输电走廊早期预警判据各阶段展示方式

　　g. 历史数据分析模块，分为三个曲线图，分别提取数据的历史数据进行展示，三个曲线图分别为：雨量历史曲线图（单位：mL）、地面沉降与地表裂缝历史曲线图（单位：mm）、杆塔倾斜角度与地面坡体倾斜角度历史曲线图（单位：℃），每个曲线图都设置有告警对比值，超出告警值，系统自动进行告警信息展示，历史数据界面如图 3-61 所示。

　　2）数据监测分析。实时获取不同监测数据，进行预警数据分析、历史数据趋势展示，并结合三维场景直观展示杆塔附近各测量仪器及周围环境。

　　3）最新监测数据。业务流程模型说明：

图 3-61　历史数据界面

a. 系统定时向远方测量设备发送获取数据请求，远方设备响应并回传数据。

b. 系统接收回传数据并写入数据库表并同步至实时数据展示模块。

c. 操作员双击实时数据展示模块中的图标，系统根据选中图标弹出关联的测量数据。

d. 操作员通过鼠标滑轮滚动，系统放大历史数据曲线并显示测量时刻。

4）所处变形阶段。业务流程模型说明：

a. 操作员双击曲线图，系统弹出位移计、表面裂缝预警分析模块。

b. 操作员选择数据源类型、预警周期、当前切线角等数据参数单击"确定分析"，系统计算并回显切线角区间、四级预警模型相关数据。

5）历史数据趋势。业务流程模型说明：

a. 系统默认读取本地数据库测量仪器历史数据，回显至主页面趋势线图表中。

b. 操作员双击展示数据图标，系统根据选中展示数据图标弹出历史测量数据。

c. 操作员通过鼠标滑轮滚动，系统放大历史数据曲线并显示测量时刻。

6）3D 场景。业务流程模型说明：

a. 系统根据操作指令展示杆塔周围地理环境、测量设备。

b. 操作员通过鼠标滚轮滚动，系统进行场景拉近放远。

c. 操作员鼠标右击并配合鼠标移动，系统进行场景不同角度切换。

d. 操作员按住滚轮不放并配合鼠标移动，系统进行场景上下左右位移。

7）气象分析。通过 SIM 卡移动终端服务建立系统与气象监测设备通信，定时采集监测杆塔周围环境数据，如大气温度、大气湿度、雨量、土壤湿度、风速、风向等。其业务流程如下：

a. 操作员单击系统"气象分析"按钮，系统弹出监测数据展示模块。

b. 操作员配置监测点采集参数，系统根据配置信息与气象监测设备建立通信。

c. 系统实时发送采集信息请求，气象设备回传气象数据。

d. 系统接收回传气象数据写入本地数据库并显示在气象分析模块页面。

8）光学遥感分析。利用星载 SAR 卫星遥感图像作为监测手段，通过算法提取典型地质灾害主要成灾因子如滑坡、植被覆盖率、土壤含水量、洪涝灾害面积定义图像输出。其业务流程如下：

a. 操作员单击系统"光学遥感分析"按钮，系统弹出 SAR 图像分析模块。

b. 操作员单击业务类型，系统弹出图片导入窗口。

c. 操作员单击"开始分析"按钮，系统对上传图片进行滑坡、植被覆盖率、土壤含水量、洪涝灾害面积业务数据分析，返回分析数据及图解。

监测预警系统业务成果展示界面如图 3-62 所示。

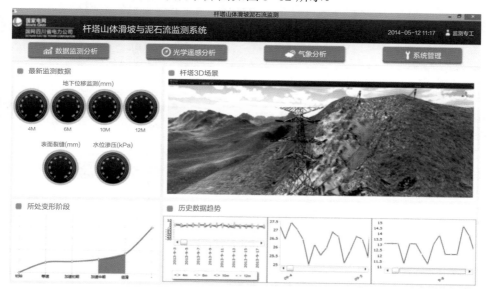

图 3-62　监测预警系统业务成果展示界面

系统集成高分辨率卫星遥感、光学地面监测、无人机激光雷达高精度扫描、探地雷达等技术，融合多普勒雷达气象探测、分布式强降水传感的精细化微气象监测预报，全面地构建了天—空—地（卫星遥感—无人机—在线监测）、点—线—面（杆塔—输电通道—大电网）结合的立体的电网地震次生灾害监测预警系统和体系。同时利用层次分析——信息量法，对滑坡影响较大的 8 大类 37 级因子进行评价并赋权重，最后将权重值进行叠加，同时与杆塔状态评价标准相结合将区域内常规输电线布置区域危险性区域划分为不危险、轻度危险、中度危险和重度危险四级。系统根据加速度、坡体倾斜速率、杆塔倾斜角度等为指标为输电走廊滑坡提供早期预警判据，预警关注重点从过去的临滑阶段提前到中加速形变阶段，使得电网有更充裕时间应对灾害带来的影响。

输变电设备抗震减震防控技术

　　输变电单体设备在地震响应中会呈现一定的规律特性，例如基础频率和位移比等地震响应特性，同时，地震后，输变电设备整体也会产生响应。此处首先通过搭建地震模拟震动台，建立输电杆塔单塔、单塔悬挂集中质量块以及塔线耦联体系等数值仿真模型，研究其动态响应特性；然后结合隔震结构理论和数值仿真分析，提出有效的减震技术措施；最后对比国内外不同抗震设防标准，提出适合我国国情的抗震设防水准。

4.1 变电站及换流站主设备数值计算

4.1.1 变电站及换流站单体支柱类设备

（1）支架形式对设备抗震性能的影响。对于支柱类电力设备前期的调研发现，支柱类电力设备有两种典型的支柱形式，即单柱钢管式和格构式。

　　支柱绝缘子是工程中常见的特高压电力设备之一，选取 800kV 支柱绝缘子设备为例，高度 12m，直径 200mm，设备的第一阶基本频率 1.1Hz，选取工程设计中常用的格构式支架和单管式支架进行对比和分析，其有限元模型如图 4–1 所示，左图是工程上常用的格构式圆钢管式支架，右图是比较常用的单柱式

图 4–1　格构式和单管式支架有限元模型

空心单管式钢管支架。支柱绝缘子及不同支架的参数见表4-1。

表4-1 支柱绝缘子及不同支架的参数

组件名称	说　明	基频（Hz）	组合后频率（Hz）
支柱绝缘子	直径200mm；复合材料；高12m	1.1	1.1
格构式钢支架	高5m，底部根开1.2m，顶部开0.8m	30	0.49
单柱式空心钢管支架	高5m，直径600mm，壁厚10mm	31	0.51

此处采用反应谱计算的方法对设备和设备和支架耦连后的动力特性和地震响应进行了数值计算，可以简单地把模型看成多自由度体系。计算体系的各阶振型和周期后，按照多自由度体系求解体系的运动方程，可以得到很理想的结果。

整个多自由度体系的运动方程为

$$m_i\ddot{x}_i + \sum_{j=1}^{n} c_{ij}\dot{x}_i + \sum_{j=1}^{n} k_{ij}x_i = -m_i\ddot{x}_g \qquad (4-1)$$

其中，某个质点在地震中的水平力为

$$S_i = k_{i1}x_1 + k_{i2}x_2 + \cdots + k_{in}x_n \qquad (4-2)$$

质点在i时刻j振型的水平地震力为

$$F_{ji} = \alpha_j x_{ji} \gamma_j G_j \qquad (4-3)$$

于是，地震作用下体系的地震响应可以组合为

$$S_{EK} = \sqrt{\sum_{j=1}^{m} S_j^2} \qquad (4-4)$$

为了对两类支架和设备整体的地震响应做进一步的分析，把这两类支架和设备的模型建立在有限元仿真软件当中，利用反应谱的方法对这两类设备和支架组合的整体模型进行分析，得出其动力响应。选取Ⅷ度区场地特征周期为0.9s，阻尼比选取适合电力设备结构的0.02。

在有限元仿真软件输入选择的反应谱数据，得出不同支架的地震响应见表4-2。

表 4-2 不同支架的地震响应

产品	支架频率（Hz）	组合频率（Hz）	位移（mm）		应力（MPa）
			支架顶	设备顶	设备根部
支柱绝缘子	刚性	1.1	0	25	0.3
格构式钢支架	30	0.49	1.0	75	12
单柱式空心钢管支架	31	0.51	3.5	136	10

在两类支架的对比中，格构式支架顶部位移仅为 1.0mm，支架频率也接近 36Hz，与空心钢管式支架频率接近。但是由于其顶部连接板位置的刚度较小，导致底板有很大的变形，对上部的结构设备非常不利，导致顶部设备的位移为最大，根部应力也为最大，格构式支架的顶板薄弱位置如图 4-2 所示。

在实际工程中，推荐优先使用顶部连接板加固后的格构式支架，这类支架的刚度较大，在地震作用下的位移较小，抗震性能表现较好。

图 4-2 格构式支架的顶板薄弱位置

（2）支架动力特性对设备抗震性能的影响。此处将支柱类电力设备如断路器、支柱绝缘子，避雷器等单柱式电力设备分为一个二阶的四自由度（糖葫芦串）形式进行分析，模型每个集中质量的位置有扭转和横向自由度，整个模型是一个 4 自由度的 2 个集中质量糖葫芦串形式，如图 4-3 所示。根据结构动力

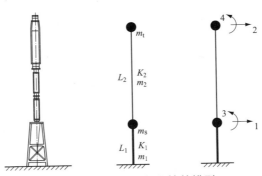

图 4-3 支柱类设备的等效模型

学的相关知识可列出该模型的求解方程。通过把模型看成四自由度体系。求得体系的各阶振型和周期，按照多自由度体系求解体系的运动方程，可以得到很理想的动力响应的结果。

特选取特高压 1000kV 电压互感器（CVT）和 1100kV 特高压支柱绝缘子这两种非常典型的支柱类电力设备的参数进行分析，验证计算设备单体和支架的频率对于设备整体结构频率的方法，设备及支架参数见表 4-3。

表 4-3   设 备 及 支 架 参 数

参数	设备产品		设备支架	
名称	电压互感器 CVT	支柱绝缘子 PI	支架 1 S1	支架 2 S2
总质量（kg）	4400	2636	1066	2986
等效刚度 K_1 （×10⁸N·m²）	0.94	0.50	4.56	13.4
高度（m）	11.2	10	5.5	6.5
分布质量（kg/m）	395	264	188	445
自振频率（Hz）	2.2	2.43	262	30

由表 4-3 可知，对于设备支架比较高的特高压产品，设备支架的基频有可能小于 36Hz，将其完全视为刚性基础而在对设备产品进行抗震验算时忽略，将会对结果造成很大的误差。

利用不同支架和设备的组合，得到 4 种不同的设备整体结构，其结构形式也不一样，基本频率也不相同。利用有限元仿真软件、变刚度 4 自由度动力学模型、美国 ASCE 计算公式三种办法对已知的 4 种有限元模型结构的频率进行了计算，得到结果见表 4-4。

表 4-4   不同方法计算结构基本频率

不同计算方法	CVT 支架 1	CVT 支架 2	PI 支架 1	PI 支架 2
ABAQUS 有限元	1.79	2.08	2.05	2.24
变刚度 4 自由度动力学模型	1.68	1.95	1.98	2.20
误差（%）	6	6	3	2
美国 ASCE 计算公式	2.19	2.19	2.42	2.42
误差（%）	22	5	37	6

从美国 ASCE 计算公式计算的结果显示可以得出，虽然这个公式的计算精度还有待提高，但是设计上对于设备支架的理念还是偏刚性设计，即便有可能没有达到 36Hz，但也是非常接近，为 25~36Hz，而特高压电力设备的基本频率一般为 0~5Hz（从已知的设备参数和以往的振动台试验资料可以证明），在 ASCE 推荐公式中，电力设备的基本频率影响较大，支架的影响往往较小，这公式在目前的结构设计理念中是可以得到支持的。

不同的方法在计算结构频率结果如图 4-4 所示，可以看出：美国 ASCE 的计算结果偏大，而且误差较大，误差为 5%~37%，而提出的变刚度四自由度动力学模型的计算结构更贴近设备的基本频率，误差小于美国 ASCE 提出的推荐方法。由此说明，变刚度 4 自由度动力学模型的计算方法在计算特高压电力设备结构的基频方面较为贴合，是一种可行的简化方法。

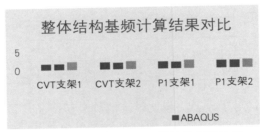

图 4-4 不同的方法在计算结构频率结果

4.1.2 变电站及换流站耦联设备

变电站中互相耦联的电气设备大都具有不同的结构特性，在地震作用下设备可能产生向相反方向运动的趋势，从而对母线产生拉伸或压缩的作用力，使耦联设备体系中存在着复杂的相互作用。由于硬母线和软母线具有不同的力学特性，它们所连接电气设备耦联体系相互作用的机理也不同，需要分别进行分析。

将变电站电气设备简化为等效单自由度体系，采用悬索来模拟软母线，建立计算软母线连接电气设备体系的理论模型，分析两个设备与它们间软母线的相互作用；

由于变电站电气设备具有独特的双刚度矩阵和只能受拉的单元特性，如果单元处于松弛状态时受压，单元的刚度会被移除；它具有应力刚化和大变形的能力。有限元模型中悬索的建模参数与理论模型对比见表 4-5。

表 4-5 两种模型中悬索建模参数对比

建模参数	理论模型	有限元模型
单位长度重量（N/m）	52.2	52.199 6
弹性模量（N/m²）	7e10	7e10
悬索截面面积（m²）	19.6e⁻⁴	19.6e⁻⁴
两侧端点高差（m）	0	0
水平跨度（m）	5	5
跨中垂度（m）	0.25	0.25

（1）耦连体系位移结果。在此建立的理论模型和 ANSYS 模型基础上，进行了 3 种地震波输入下的时程计算分析。3 种地震波输入下设备 1 和设备 2 的顶部水平位移在两种模型情况下计算得到的最大值见表 4-6。从表中数据可以看出理论模型与 ANSYS 模型计算结果差别在 45%以内。

表 4-6 两种模型计算悬臂梁顶部水平位移最大值比较

地震波	梁 1 顶部位移（m）			梁 2 顶部位移（m）		
	理论模型	ANSYS 模型	差值（%）	理论模型	ANSYS 模型	差值（%）
卧龙波	0.144 01	0.146 21	−1.505	0.038 57	0.029 53	30.613
Elcentro 波	0.133 17	0.112 12	18.775	0.035 35	0.029 03	21.771
曾家波	0.150 13	0.128 2	17.106	0.037 3	0.025 9	44.015

在输入 Elcentro 波时设备 1 和设备 2 的顶部位移时程 2 种模型计算结果比较如图 4-5 和图 4-6 所示，设备 1 和设备 2 间的相对位移（即母线跨度变化）时程 2 种模型情况比较如图 4-7 所示。两种模型计算得到的设备顶部位移响应时程曲线形状和幅值较为相似，ANSYS 作为通用有限元软件，验证了理论模型的准确性。设备 1 和设备 2 位移响应在相互靠近的方向较大，相互分离的方向较小。

随着地震中设备位移不断变化，母线不断张紧与松弛，母线的跨度在不断地变化，其中出现了松弛度较小的情况，如图 4-7 中母线跨度为 4.86m 的情况；也出现了母线被张紧的情况，如图 4-7 中母线跨度为 5.036m 的情况。母线松弛情况下母线的变形要大于母线在张紧状态下的变形。

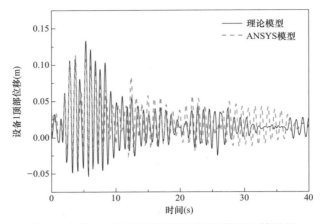

图 4-5　设备 1 顶部位移时程图两种模型计算结果

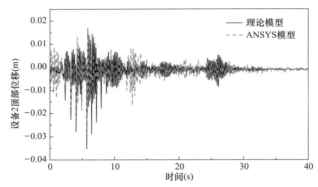

图 4-6　设备 2 顶部位移时程两种模型计算结果

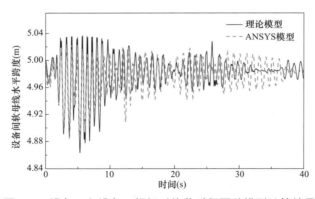

图 4-7　设备 1 和设备 2 间相对位移时程两种模型计算结果

（2）耦连体系与单体响应比较。由于设备间软母线的存在，它会对设备的响应产生影响，使得两侧设备的地震响应与单体时不同。为了衡量软母线对其所连接设备地震响应影响程度的大小，引入位移反应比的概念 R_{ui}

$$R_{ui} = \frac{MAX\,|u_i(t)|}{MAX\,|u_{0i}(t)|} \quad (i=1,2,\cdots) \qquad （4-5）$$

式中　$u_i(t), u_{0i}(t)$——耦连体系中和单体设备中第 i 个设备的位移。

在两个模型中移除软母线，通过计算得到设备单体的地震响应，将单体设备与耦连体系中设备响应进行对比可以得到设备的位移反应比。三种地震波输入下设备 1 和设备 2 位移反应比见表 4-7。由于软母线的连接，两侧设备的响应与单体设备响应是有一定的差别的，需要考虑软母线可能带来的不利影响。

表 4-7　　　　　　　　　两种模型计算得到的设备顶部位移反应比

地震波	设备 1 顶部位移反应比		设备 2 顶部位移反应比	
	理论模型	ANSYS 模型	理论模型	ANSYS 模型
卧龙波	1.339	1.421	1.464	1.116
Elcentro 波	0.792	0.663	3.885	3.269
曾家波	1.915	1.658	2.572	1.802

有软母线连接和无软母线连接时设备 1 和设备 2 的地震时程响应比较如图 4-8 和图 4-9 所示，可以看出，单体设备响应时程和有母线连接设备响应时程有明显不同，有软母线连接时设备的响应与单体时相比呈现单向振荡的特点，且频率相对较高的设备 2 的位移响应呈现突变现象，这主要是受到软母线牵拉的影响。由于母线的牵拉力影响，设备的位移响应在相互靠近的方向较大，在相互分离的状态位移较小，位移响应呈现出偏向一侧较大，一侧较小的现象，设备位移的这种单向振荡的特点与软母线的索的特性有关。高频设备（设备 2）通过母线的连接受左侧的位移较大的低频设备（设备 1）的牵拉，位移响应较单体设备有大幅度的增大。

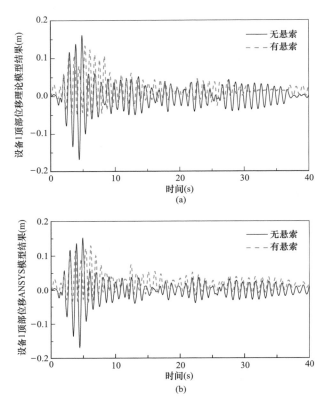

图 4-8　两种模型情况下设备 1 顶部位移在有无软母线连接的比较

（a）理论模型；（b）ANSYS 模型

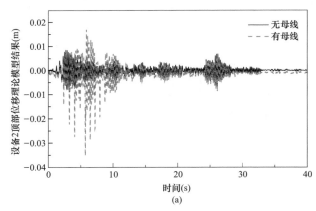

图 4-9　两种模型情况下设备 2 顶部位移在有无软母线连接的比较（一）

（a）理论模型

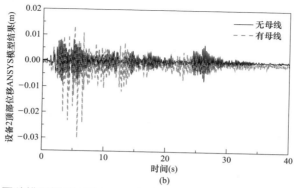
(b)

图 4-9 两种模型情况下设备 2 顶部位移在有无软母线连接的比较（二）

（b）ANSYS 模型

当软母线两侧设备的自振频率改变时，软母线对两侧设备的影响大小是不同的。为了对两侧设备自振频率的影响进行研究，设备 1 自振频率分别为 1Hz 和 2Hz 保持不变两种情况下，依次改变设备 2 的频率对设备 1 和设备 2 反应比的影响如图 4-10 和图 4-11 所示。当设备 2 的频率大于设备 1 的频率，并逐渐

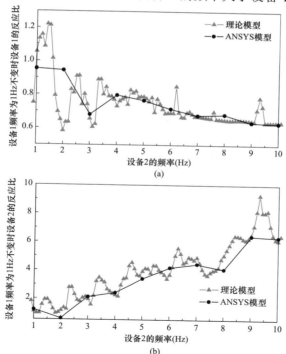
(a)

(b)

图 4-10　设备 1 频率为 1Hz 不变时设备 1 和设备 2 的反应比变化

（a）设备 1 频率为 1Hz 不变时设备 1 的反应比；（b）设备 1 频率为 1Hz 不变时设备 2 的反应比

增大时，设备 1 的反应比在较小的范围波动，设备 2 的反应比总体有较大的增长。对于软母线连接的两个设备，频率较高的设备受到软母线的影响较大，且这种影响随着高频设备的频率的增大而增大，反应比远大于 1。

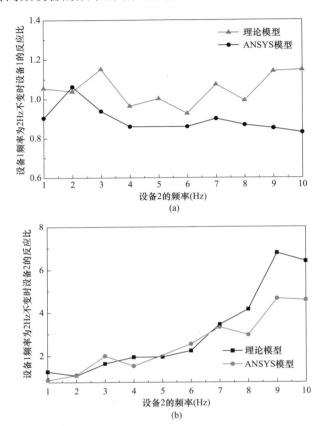

图 4-11　设备 1 频率为 2Hz 不变时设备 1 和设备 2 的反应比变化

（a）设备 1 频率为 2Hz 不变时设备 1 的反应比；（b）设备 1 频率为 2Hz 不变时设备 2 的反应比

4.1.3　变电站及换流站悬挂式设备

为了减小设备的地震作用，已有部分设备开始采用悬吊式的结构形式，如换流阀、直流滤波器等。与支柱类设备不同，此类设备在地震下具有较大的非线性作用。为此，分别对不带有底部抗侧力构件的换流阀和带有抗侧力构件的悬挂式直流滤波器进行抗震性能分析。

（1）±800kV 换流阀抗震性能分析。阀厅及耦联回路整体有限元模型由阀厅模型、六组阀塔模型及阀厅内耦联回路模型组成。单元划分时，梁单元的长度须大于截面尺寸的 15～18 倍，以保证梁单元的适用条件。电力设备本体一般阻尼比较小，根据 GB 50260—2013《电力设施抗震设计规范》，计算时取结构整体阻尼比为 2%，如图 4-12 所示为阀厅及耦联回路整体有限元模型。

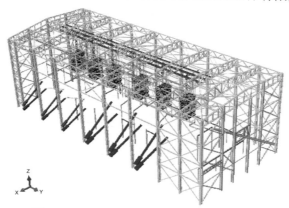

图 4-12　阀厅及耦联回路整体有限元模型

地震波输入：为有效评估地震对结构的影响，对结构进行抗震计算。使用当地地震局的安评报告中给出的人工地震波进行时程分析，根据规范要求三向输入地震动的峰值比值为 1:0.85:0.65。水平单向地震峰值为 0.4g，故三项地震动峰值分别为 0.4g、0.34g 和 0.265g。

模态分析：模态分析有很多种算法如 Lanczos 方法和子空间迭代法，其中，对于具有很多自由度的系统，当要求大量的特征模态时，采用 Lanczos 方法的速度更快；而当只需要少数几个特征模态时，子空间迭代法的速度可能更快。由于阀厅及阀厅内耦联回路结构十分复杂，模态很多，因此对特高压变压器—套管体系进行模态分析时采用的是 ABAQUS 自带的 Lanczos 方法。整体模型的前 5 阶振型如图 4-13 所示。

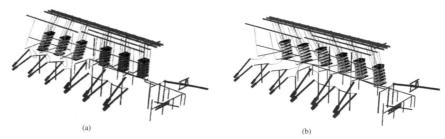

(a)　　　　　　　　　　　　　　　　(b)

图 4-13　整体模型前 5 阶振型图（一）

（a）第 1 阶振型；（b）第 2 阶振型

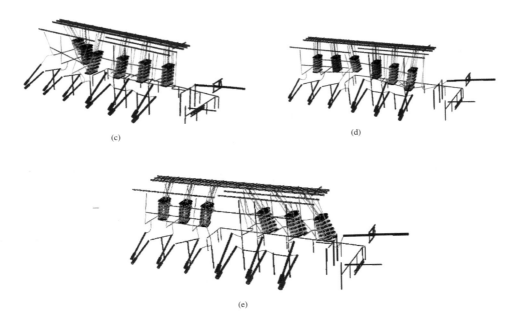

(e)

图4-13　整体模型前5阶振型图（二）

（c）第3阶振型；（d）第4阶振型；（e）第5阶振型

地震响应计算：按照 Y 向作为主振方向输入人工地震波，峰值取 0.4g，Y 向沿阀厅纵向。根据规范要求，绝缘子应力安全系数不得小于 1.67。仿真计算可得阀厅内各设备的位移响应均在设备的承受范围内，空气净距满足要求。

（2）±800kV 直流滤波电容器抗震计算。模态分析结果：采用 ABAQUS 软件中的 Lanczos 法（分块兰索斯法）对该穿墙套管的有限元模型进行模态分析。

1）应力响应结果。由有限元分析结果，±800kV 直流滤波电容器最大应力出现在顶层悬吊绝缘子，拉应力最大值为 251MPa，未出现压应力，材料极限应力为 1100MPa，则该应力小于极限应力，且应力安全系数为 4.38；层间绝缘子应力为 108MPa，出现在 31 层。

轴力最大绝缘子出现在顶层，最大轴力为 177.06N，考虑绝缘子极限轴力为 420kN，则轴力安全系数为 2.37。层间最大轴力 171.38kN，出现在 31 层。

2）位移响应结果。由有限元分析结果，±800kV 直流滤波电容器最大位移出现在第 17 层，Y 向最大位移为 0.58m，X 向最大位移为 0.75m。顶层 Y 向最大位移为 0.34m，X 向最大位移为 0.43m，底层 Y 向最大位移为 0.06m，X 向最大位移为 0.06m。

依据 GB 50620—2013《电力设施抗震设计规范》的规定，考虑结构在重力、地震荷载、风荷载、冰荷载作用下的组合，且分项系数分别为1.0、1.0、0.25、0.7。由于应力安全系数远大于相应规范要求，则对于强度考核，以绝缘子轴力为主。

不同工况下的位移响应见表 4-8。由表可知，不同工况下，滤波电容器最大位移出现在中间 17/18 层处，0.2g 时 Y 向最大位移为 1.06m，X 向最大位移为 1.15m。0.2g 时顶层 Y 向最大位移为 0.67m，X 向最大位移为 0.71m。0.2g 时底层 Y 向最大位移为 0.093m，X 向最大位移为 0.11m。

表 4-8   滤波电容器水平位移响应

位置	峰值（g）	X向地震+重力响应（m）	Y向地震+重力响应（m）	X向风致响应（m）	Y向风致响应（m）	X向综合响应（m）	Y向综合响应（m）
最大位移	0.2	0.75	0.58	1.59	1.13	1.15	0.863
顶层	0.2	0.43	0.34	0.96	0.67	0.67	0.508
底层	0.2	0.06	0.06	0.18	0.09	0.11	0.083

4.1.4 变压器及换流变压器

变压器的结构形式与支柱式和悬挂式设备都有所不同。变压器按照结构可分为芯式变压器和壳式变压器，按绝缘和冷却介质可分为液体、气体和干式变压器。目前常用的变压器为用油作为绝缘和冷却介质的芯式变压器。

（1）变压器—套管体系地震响应的简化计算。传统建筑结构的抗震研究中，多层结构和高耸结构可以抽象为底部嵌固的串联多自由度体系，采用剪切模型或弯剪模型计算结构的地震响应。而经过分析发现，套管的基本振型主要为套管和升高座的摆动，地震响应与箱壁局部面外刚度、套管根部法兰刚度有密切关系。基于此，提出考虑套管和升高座摆动效应的简化计算模型。

简化模型为线性体系，响应与输入加速度幅值成比例关系。取 IEEE 693 地震波 0.2g 输入工况作为算例，求得结构的加速度响应和位移响应，与试验实测数据进行对比。

1）加速度响应。顶管套管加速度放大系数见表4-9，无论套管顶部还是套管根部的加速度放大系数，简化计算结果与试验实测数据的偏差不超过 25%，证明简化计算模型对计算套管加速度比较有效。

表 4-9   顶盖套管加速度放大系数

地震波	套管顶部			套管根部		
	简化模型	试验值	偏差（%）	简化模型	试验值	偏差（%）
EUX	5.13	6.68	−23.20	2.31	1.96	17.8
LUX	7.58	8.38	−9.55	2.07	2.05	0.98
RUX	7.30	7.26	0.55	2.36	1.94	21.64

2）位移响应。套管位移峰值见表 4-10，无论是套管顶部还是套管根部的位移峰值，简化计算结果与试验数据的偏差不超过 12%，证明简化计算模型对计算套管位移比较有效。

表 4-10   套 管 位 移 峰 值

地震波	套管顶部			套管根部		
	简化模型（mm）	试验值（mm）	偏差（%）	简化模型（mm）	试验值（mm）	偏差（%）
EUX	10.99	12.39	−11.30	2.81	3.05	−7.87
LUX	14.83	14.12	5.03	3.43	3.49	−1.72
RUX	12.65	12.89	−1.86	3.09	2.76	11.96

（2）500kV 变压器有限元建模。此外采用大型通用有限元软件 ANSYS 对 500kV 变压器实例进行了精细化建模，完成了模态分析和地震响应分析。

500kV 变压器 ANSYS 有限元模型如图 4-14 所示。该模型共有 26 049 个节点和 32 680 个单元，其中，壳单元 SHELL63 共有 31 810 个，梁单元 BEAM188 共有 345 个，固体单元 SOLID45 共有 525 个。

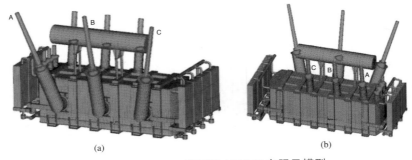

(a)   (b)

图 4-14 500kV 变压器 ANSYS 有限元模型

（a）高压侧斜视图；（b）中压侧斜视图

对该有限元模型施加重力加速度后进行静力分析，求得计算模型的总质量约为198t，与500kV变压器实体（取掉铁芯和线圈后）的质量基本吻合。

1）模态分析。该型号变压器—套管体系的前40阶模态的自振频率柱状分布如图4-15所示。

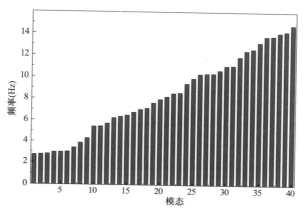

图4-15 前40阶模态自振频率的柱状分布图

从模态分析的结果看，变压器—套管体系为频率密集型结构，结构前25阶的自振频率为2.69～9.88Hz，接近地震动的卓越频率范围，很容易发生类共振，产生显著的动力放大作用，从而造成结构破坏。

2）地震响应分析。

a. 输入地震波。对于变压器结构而言，重力荷载和风荷载属于静力作用，动力荷载主要指地震作用。此处采用五条地震波，分别为Elcentro波、Landers波、Northridge波、清平波和卧龙波，其中前三条为国内外考察变压器地震响应的常用地震波，后两条为四川汶川8.0级地震实测波，对于考察500kV变压器的地震破坏机理具有良好的效果。

根据四川汶川8.0级地震中的地震实测结果，清平台测站的水平向加速度峰值最大为824.1gal，卧龙台测站的水平向加速度峰值最大为957.7gal，为了与实际受损情况作对比，有限元分析时将X向（横向）的地震加速度幅值统一调整为0.9g，Y向（纵向）和Z向（竖向）的幅值分别为X向的0.85倍和0.65倍。

b. 套管顶部位移。给出的结构位移均指结构与地面之间的相对位移，反映了变压器—套管体系的变形大小。

（a）高压侧套管。计算高压套管顶部位移的峰值和均值，分析可得以下结论：

a）除了清平波作用下三相套管的纵向位移，其他工况下，三相套管在纵向和横向的位移峰值均超过了 100mm。

b）高压套管在纵轴方向位移的最大值为 205.9mm，为卧龙波作用下的响应；横轴方向位移的最大值为 213.0mm，为 Landers 波作用下的响应；如此大的位移峰值将超过连接母线的设计冗余度，容易导致设备间的牵拉破坏。

c）不同地震波作用下，同一支套管的位移峰值有较大的差异，清平波的响应最小，而卧龙波和 Landers 波的响应最大，这说明位移响应与地震动频谱特性密切相关。

d）就均值而言，中压套管在两个方向的位移响应非常接近，其中纵轴方向均值约为 137.2mm，横轴方向均值约为 142.0mm。

（b）中压侧套管。图 4–16 为中压套管的顶部位移峰值，分析可得以下结论：

a）中压套管在纵轴方向的位移中，A、B 相的位移峰值比较接近，C 相的位移峰值最小；横轴方向的位移中，A、B 和 C 相的位移峰值依次递减。

b）不同的地震波作用下，同一相套管的纵向位移基本接近，横向位移差别较大。

c）三相套管位移在纵轴方向的最大值为 34.1mm，为 Elcentro 波作用下的响应；在横轴方向的最大值为 47.6mm，为清平波作用下的响应。

d）中压套管的顶部位移最大不超过 50mm，一般母线的设计冗余长度能够满足位移要求，不会产生牵拉作用。

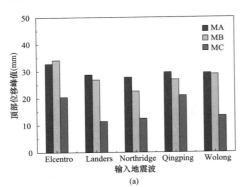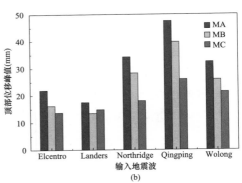

图 4–16　中压套管顶部位移峰值

（a）纵向；（b）横向

表 4–11 为中压套管顶部位移的平均值。可以看出，A、B、C 三相中压套管在纵轴方向和横轴方向的位移均值比较接近，均为 24mm 左右。原因在于：

中压套管通过升高座固定在箱体顶盖，箱体本身的整体刚度很大，顶盖在两个方向的面外刚度基本接近，因此，套管在两个方向的总体刚度相差不大。

表 4-11   中压套管顶部位移均值   （mm）

位移均值	A 相	B 相	C 相	三相均值
纵向	29.7	27.9	15.7	24.4
横向	30.7	24.7	18.8	24.7

3）套管根部应力。

a. 高压侧套管。图 4-17 为高压侧套管根部的弯曲应力峰值，分析可得以下结论：

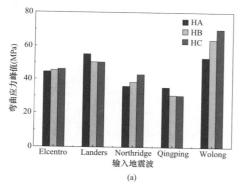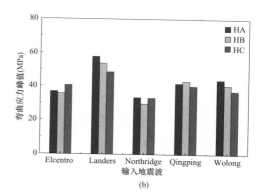

图 4-17   高压套管根部弯曲应力

（a）纵向；（b）横向

a）当输入地震动峰值为 0.9g 时，三相高压套管的弯曲应力峰值均超过了 30MPa。

b）纵向弯曲应力峰值的最大值产生于卧龙波作用下，其值为 70.1MPa，是陶瓷极限强度值的 2.33 倍。

c）横向弯曲应力峰值的最大值产生于 Landers 波作用下，其值为 57.8MPa，是陶瓷极限强度的 1.93 倍。

由于陶瓷为脆性材料，变形能力差，一旦弯曲应力超过其极限强度，套管即发生断裂破坏。

表 4-12 为三相高压套管根部弯曲应力的均值，其中纵向均值为 46.1MPa，横向均值为 41.1MPa，两者均超过了极限强度的 1.37 倍。此次数值模拟中输入

的地震加速度峰值 900gal，与实际四川汶川 8.0 级地震中茂县附近的地震加速度非常接近。无论套管弯曲应力的最大值和均值，都超过了陶瓷的极限强度，这与震害调查中该变压器的高压侧套管在地震中发生严重断裂、破碎的现象一致。

表 4-12　　　　　　　　高压套管根部弯曲应力均值　　　　　　　　　（MPa）

弯曲应力均值	A 相	B 相	C 相	三相均值
纵向	44.7	45.7	48.0	46.1
横向	42.7	40.5	40.0	41.1

　　b. 中压侧套管。三相中压套管在纵向弯曲应力峰值的最大值为 8.30MPa，横向弯曲应力峰值的最大值为 16.27MPa。所有工况中，无一例峰值超过瓷质套管的极限强度，即无损毁的可能性。震害实测表明该变压器的中压套管无损毁现象，与计算结果相吻合。

■ 4.2　地震模拟振动台试验

4.2.1　钢管塔振动台试验

（1）振动台结构及参数。图 4-18 所示为同济大学振动台结构示意图，其基本性能参数：台面尺寸 4.0m×4.0m，震动波形为周期波、随机波等，最大试件质量为 25t，频率范围为 0.1～50Hz，控制振动方式为 3 个方向 6 自由度，数采通道为 96 个，耗能功率为 600kW，地震波形有 Elcentro 波、Taft 波、Pasadena 波、天津波等 300 余条波。

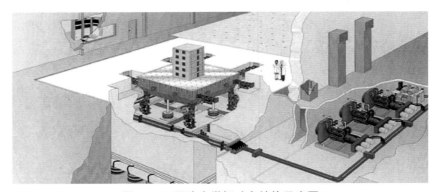

图 4-18　同济大学振动台结构示意图

振动台台面性能如加速度、速度和位移限值见表4-13。

表4-13　　　　　　　同济大学振动台台面性能（15t）

方向	加速度（g）	速度（mm/s）	位移（mm）
水平 X	1.2	1000	100
水平 Y	0.8	600	50
竖直 Z	0.7	600	50

试验室吊车行车基本性能参数：吊车行车起吊净高为7.0m，吊车行车起重能力为5/15t。振动台合并制动器、伺服阀的设计及其性能决定了所有振动台在位移、速度和加速度都有限制。因此，设备尺寸、重量以及测试都是受限制的，见表4-14。

表4-14　　　　　　振动台的性能与试验设备需求对比

性能参数	振动台容许值	试验设备需求值	条件满足与否
质量（t）	25	小于10	满足
尺寸（m×m）	4×4	长度方向需要6.412 5m	不满足，需要制作悬挑梁
位移、速度、加速度	见表4-13振动台台面性能	地震动的位移、速度、加速度	所选取地震波需要小于振动台的位移、速度、加速度允许值

（2）测量系统。杆塔在地震荷载作用下动力通过绝缘子传递给导线，导线的动张力又传到输电塔上使输电塔发生位移，与输电塔在地震荷载作用下的位移相叠加，而输电塔运动又会使导线的支座节点发生位移，使得导线内的张力发生进一步变化。输电塔—线体系振动台试验主要测量输电塔的加速度和位移响应（加速度传感器和位移计），输电塔主材、斜材及绝缘子的动应变测量（应变片），试验中考虑输电塔与导线之间的耦合作用，分析导线经过绝缘子至输电塔的荷载传递情况。同时，通过测绝缘子串的应变来分析线对塔的作用力。

（3）试验地震波。地震动是由震源释放出来的地震波引起地表附近土层的震动，可以表示成面质点的加速度、速度或位移的时间函数。确定输入地震波时，应充分注意建筑场地的类型。选取地震波的主要原则是要使地震波的频谱特性尽量与建设场地的具体条件相符合。按照GB 50011—2010《建筑抗震设计规范》5.1.2规定，各类建筑结构在进行抗震设计采用时程分析法时，应按建筑场地类别和设计地震分组选用不少于两组的实际强震记录和一组人工模拟的加速度时程曲线。此次地震输入采用 Elcentro 波、Taft 波、Pasadena 波、上海人工波。

（4）试验流程及工况安排。试验围绕输电塔线体系抗震性能展开，本着由简单到复杂，从低幅值地震输入到高幅值地震输入，从单塔到塔线耦联体系和从单向输入到多向输入的原则进行分析，试验流程如图 4-19 所示。

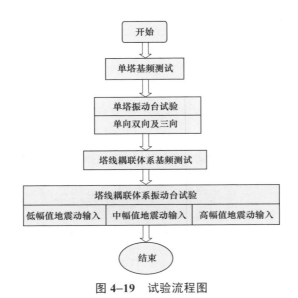

图 4-19　试验流程图

对于输电塔三塔两线体系，振动台输入历史记录地震动或人工合成地震动比较合理，振动台试验中地震波的输入是比较关键的，此次试验选取与三条天然地震记录及一条人工波作为地震动输入。

（5）模态分析结果。试验中为了得到试件的自振特性，在振动台台面输入白噪声随机波进行扫频试验。白噪声扫频试验中，台面输入 X、Y 向的加速度峰值均为 0.7m/s^2 的双向白噪声随机波，通过对设备各个加速度通道传递函数的识别，确定其动力特性。

4.2.2　输电塔线体系数值仿真模拟

为了进一步验证、比对振动台试验所取得的结果以及检验试验中的缩尺模型对原型对象的模拟效果，并且从理论计算的角度分析输电线路的抗震性能，此处按照工程原型的几何尺寸，利用 Abaqus 有限元分析软件分别建立了输电塔单塔、单塔悬挂集中质量块以及塔线耦联体系 3 种有限元模型。

模型建立完毕后，对三种不同的模型进行模态分析以及地震反应时程分析。时程分析时同样以 Elcentro 波、Traft 波、Pasadena 波、SHW 波 4 种地震波作为输入地震作用。并将地震作用加速度峰值设置为 0.4g，主要模拟Ⅷ度罕遇情况下模型的地震反应。

（1）计算方法。此处借助 Abaqus 软件进行的计算主要包括模态计算以及地震动时程计算。

模态计算时，在重力施加完成后进行线性摄动分析，采用 Abaqus 自带的 Lanczos 特征值求解器进行求解。

在地震动时程计算中，采用直接时间积分的隐式算法，设置"动力，隐式分析步"，分析步长与输入地震动持续时间相同，最大增量步大小为 0.02s。输入地震波为 Elcentro 波、Traft 波、Pasadena 波、SHW 波，激励方式为一致激励，峰值均调整为 0.4g，持续时间与振动台模型试验输入的地震波在时间上满足 S_T=1:6.7 的相似关系。Abaqus 软件中阻尼分为三种，分别为直接模态阻尼、瑞雷阻尼以及复合阻尼。在动力，隐式分析步中，只能够设置瑞雷阻尼。瑞雷阻尼假定阻尼矩阵是质量矩阵与刚度矩阵的线性组合为

$$[C] = \alpha[M] + \beta[K] \tag{4-6}$$

式中 α、β——与体系有关的常数，在 Abaqus 中用户需要自定义这两个常数，从而求得阻尼矩阵。而这两个常数满足下面的关系式

$$\alpha = \frac{2\omega_1\omega_2(\xi_1\omega_2 - \xi_2\omega_1)}{\omega_2^2 - \omega_1^2}$$

$$\beta = \frac{2(\xi_2\omega_2 - \xi_1\omega_1)}{\omega_2^2 - \omega_1^2} \tag{4-7}$$

式中 ω_1、ω_2——结构前两阶振型的圆频率；

ξ_1、ξ_2——前两阶振型的直接模态阻尼。

根据之前模态计算的结果可以得到 ω_1、ω_2，而通过查阅 GB 50260—2013《电力设施抗震设计规范》可知，对于自立式杆塔，阻尼比即 Abaqus 软件中的直接模态阻尼，取 $\xi = 0.03$。由此可以求得 α、β 这两个常数，输入软件中进行计算。

（2）模态分析。通过对输电塔单塔、输电塔单塔悬挂集中质量、塔线体系三种模型进行模态计算，提取了三种模型输电塔的主要振型以及自振频率。

表 4-15 为单塔模型计算得到的输电塔主要振型。

表 4-15   单 塔 模 态 振 型

项目	振型特征	频率（Hz）	模态阶次
单塔	垂直线路方向弯曲一阶	1.175	1
	顺线路方向弯曲一阶	1.196	2
	扭转一阶	1.664	3
	垂直线路方向弯曲二阶	3.225	4
	顺线路方向弯曲二阶	3.589	5

表 4-16 为单塔悬挂集中质量模型经过计算得到的主要振型。

表 4-16   单塔悬挂集中质量模态振型

项目	振型特征	频率（Hz）	模态阶次
单塔悬挂集中质量	垂直线路方向弯曲一阶	0.987	13
	顺线路方向弯曲一阶	1.151	14
	扭转一阶	1.444	15
	顺线路方向弯曲二阶	2.918	21
	垂直线路方向弯曲二阶	3.493	26

由表 4-16 可知，垂直线路方向上以及顺线路方向上，单塔悬挂集中质量模型的基频分别为 5.66Hz 以及 6.67Hz，塔线体系模型分别为 6.67Hz 和 6.39Hz，说明利用单塔悬挂集中质量块来模拟真实输电线路是具有一定合理性的。

数值计算的结果表明与单塔相比，单塔悬挂集中质量块模型的各阶频率均会降低，而用导、地线代替集中质量后，体系的各阶频率增加。这是由于在悬挂集中质量块后，相当于增加了输电塔的质量，而对于输电塔整体的刚度基本没有影响，因此使得自振频率的降低。而导、地线除了增加体系质量外，由于其在张紧时自身的具有一定刚度，因而对输电塔横向以及纵向的运动都产生了一定的约束作用，输电塔的整体刚度相当于得到了增强，故其自振频率与单塔悬挂集中质量模型相比得到了提高。

比对试验以及数值计算的结果可以发现，单塔集中质量模型在顺线路方向上的基频与垂直线路方向上的基频差距大于单塔以及塔线体系模型，这是由于悬挂于输电塔上的集中质量以顺线路方向为轴，呈对称分布，且远离输电塔中心，从而使得单塔悬挂集中质量后在顺方向上的一阶振型并非纯粹意义上的整体弯曲振型，而是一种以整体弯曲为主耦合了由于悬挂集中质量带来的扭转变形的复杂振型，从而造成了该方向上的基频偏高。

（3）地震反应分析。通过振动台模型试验，对单塔悬挂集中质量块模型以及塔线耦联体系模型输入 Elcentro 波、Taft 波、Pasadena 波以及 SHW 波等 4 条地震波，在Ⅷ度多遇、Ⅷ度基本以及Ⅷ度罕遇三种工况下分别进行，整理得到了模型在地震作用下地震反应的有关数据。基于此，对特高压大跨越输电塔进行地震反应分析。在地震反应分析中，主要选取塔顶加速度反应、塔顶位移反应、输电塔应力反应以及地线应力反应等物理参量进行分析。

从塔身斜材以及塔腿主材应力反应图可以看出，单塔集中质量模型在地震波输入加速度峰值从 0.21g 向 1.2g 逐渐增加的过程中，除塔腿主材在 SHW 波输入的情况下，其余各工况下塔身斜材以及塔腿主材的峰值应力基本呈线性变化，说明即便在Ⅷ度罕遇地震工况下，输电塔塔身斜材以及塔腿主材仍旧在弹性状态下工作。根据试验Ⅷ度罕遇工况后白噪声扫频的结果，无论是单塔悬挂集中质量块还是塔线耦联体系，其自振频率均未发生改变，说明模型在历经Ⅷ度罕遇工况后未发生结构上的改变。同时可以看到，所有工况下塔身斜材以及塔腿主材最大峰值应力分别为 56.6MPa 以及 76.8MPa，远小于的屈服强度，这也说明在地震作用下，由于输电塔塔身、塔腿构件的直接破坏而引起结构整体性破坏的可能性非常小，实际中震害中，这样一种破坏现象也的确十分少见。

从整体上来看，在地震作用下，单塔悬挂集中质量块模型的应力反应均基本上大于塔线耦联体系。单独考察塔身斜材应力峰值的变化，可以看到对于塔线体系而言，除 Pasadena 波外，输入其余 3 条地震波时，塔身斜材的峰值应力变化随着输入加速度峰值的增加出现了明显的拐点，即呈现出了非线性的特点；而在塔腿主材的应力峰值，在输入地震波为 Taft 波以及 SHW 波时，也出现了非线性的增长。由于非线性变化的应力峰值曲线均位于弹性工作状态的单塔悬挂集中质量模型应力峰值曲线之下，所以说明这样一种非线性的增长并非由于材料进入屈服阶段导致，而是由于导、地线在强烈地震作用下出现了大幅度的非线性振动，这样一种振动在一定程度上分担了地震波的输入能量，从而减小了输电杆塔部分所分担的能量，进而减小了有关的地震反应。

通过前述对于塔顶加速度反应峰值、位移反应峰值以及此处讨论的应力反应峰值进行整理分析，可以发现导、地线的存在对于体系在地震作用下反应的影响，随着研究参量以及输入地震波的不同表现出了一定的离散性。在研究塔顶加速度反应峰值以及塔身、塔腿有关杆件应力峰值时，可以看到在某些地震作用下反应曲线的非线性增长：随着地震波输入加速度峰值的增大，输电塔地震反应峰值的增幅变小。而塔顶的位移反应峰值曲线则未能看到上述现象，除Taft 波输入时，输电塔顶位移反应峰值增幅变大外，其余曲线则基本保持线性增长。另一方面，在不同地震波输入时，输电塔有关地震反应峰值是否呈现非线性增长，在一定程度上具有波动性的特点，例如输入 Elcentro 波时，塔顶的加速度以及塔身斜材应力反应峰值曲线均有非线性的特点，而塔腿主材应力反应峰值曲线则呈现线性的变化；而在输入 Pasadena 波时，则只有塔身斜材以及塔腿主材应力反应峰值出现了非线性的增长。

在 Elcentro 波、SHW 波 X 向与 Y 向激励下，塔线体系模型的折线均位于单塔悬挂集中质量块模型之下。对于 Elcentro 波 X 向激励而言，幅值降幅为 8%～15%，Y 向激励时，幅值降幅为 35%～52%，降幅较 X 向激励有明显增长。对于 SHW 波 X 向激励而言，降幅平均在 8%左右，Y 向激励时，幅值降幅为 11%～36%。并且加速度幅值的差值随着地震动输入幅值的增大有增大的趋势。而塔线体系模型和单塔悬挂集中质量块模型的差别就在于是否考虑导线的非线性振动效应。究其原因，可以认为，随着地震动幅值的增加，导、地线非线性振动被逐渐激起并加强。相比于单塔悬挂集中质量块模型，导、地线的非线性振动分流了一部分由地震动传入体系的总能量，并将其转化为了导、地线自身的动能，从而在挂块的基础上进一步降低了输电塔的结构动力响应。这与前文数值模拟得到的数据变化趋势是一致的。

（4）减震机理。不同类型的地震激励所导致的塔体振动过程中功率谱总能量分布方式是存在差异的。并且考虑导线影响后，高频的振动能量均有向低频转移的趋势。与单塔地震响应相比，单塔挂块体系和塔线体系形式下的输电塔动力反应有了较大幅度降低。

以 Elcentro 波为例，受导线的影响，塔线体系中输电塔一阶弯曲频率降低了约 14%，导线通过不改变体系总刚度的前提下增加体系总质量达到了明显的减震作用。

通过简化的糖葫芦串模型建立单塔与单塔挂块塔型的运动方程，对相关运动方程在 Elcentro 波、Taft 波激励下进行试算得出塔顶位移的衰减率为 13%～15%，塔顶加速度的衰减率为 7%～12%。从理论上推导并验证了导、地线质量的存在对于塔体减震作用确实存在。

4.3 变电设备隔震或减震分析

4.3.1 变压器隔震分析

（1）隔震参数的简化设计。根据前述的分析，变电设备的隔震支座设计时，竖向压应力不是控制因素，而位移控制相当严格，传统的隔震参数选用方法不适用；此外，采用精细的有限元模型进行试算非常耗时；而等效线性化方法的程序编制非常简单，计算速度快，便于进行参数化分析，因此，在设备隔震的初步设计时，可以利用等效线性化方法绘制不同参数下的结构响应曲线，按照预期的设计目标来选用合适的隔震参数。

如图 4-20～图 4-22 所示为刚度比 K_1 / K_2 不同时，体系响应随着屈服后周期 T_2 和屈服剪力系数 α_s 的变化曲线，其中图例对应不同的屈服剪力系数 α_s。

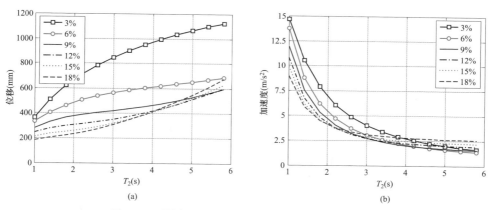

图 4-20 刚度比为 4 时等效线性化分析的峰值响应

（a）位移响应；（b）加速度响应

分析图 4-20（a）、图 4-21（a）和图 4-22（a），随屈服后周期增大，隔震体系位移响应大致呈增大趋势。随阻尼器屈服剪力系数的变化，曲线形状介于2 种抛物线之间。当屈服剪力系数 $\alpha_s = 3\%$ 时，位移响应曲线呈凸性；当屈服剪力系数 $\alpha_s = 18\%$ 时，位移响应曲线呈凹性；当 $3\% \leqslant \alpha_s \leqslant 18\%$ 时，位移响应曲线的凹凸性随屈服剪力系数逐渐过渡。对比不同刚度比下的位移响应曲线，当 K_1 / K_2 增大时，位移响应曲线趋于扁平，特别是图 4-21（a）和图 4-22（a）中，$\alpha_s \geqslant 12\%$ 的位移响应曲线增大幅度非常平缓。

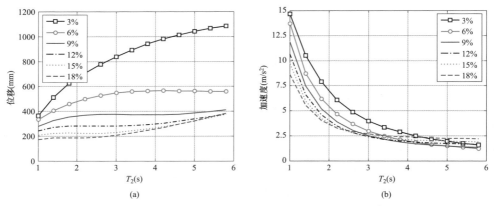

图 4-21　刚度比为 8 时等效线性化分析的峰值响应

（a）位移响应；（b）加速度响应

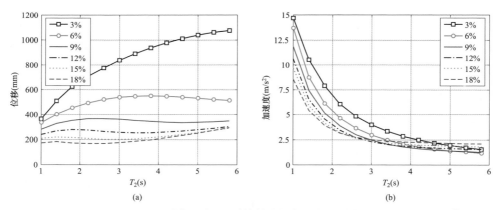

图 4-22　刚度比为 12 时等效线性化分析的峰值响应

（a）位移响应；（b）加速度响应

分析图 4-20（b）、图 4-21（b）和图 4-22（b），随屈服后周期增大，隔震体系位移响应呈单调递减的凹性抛物线形状。刚度比和屈服剪力系数对曲线形状的影响比较小。

在变电设备的隔震支座层参数选用时，确定隔震体系的加速度限值和位移限值后，然后再绘制不同参数组合下的响应曲线，从而选择较优的隔震支座参数，最后再建立隔震体系的精细化模型进行弹塑性时程分析，进一步验证隔震支座参数的有效性。

（2）复摩擦摆系统隔震支座性能试验。此次试验分别采用了等半径摩擦摆、不等半径摩擦摆，分别进行了隔震试验，用以验证测试隔震支座的性能，滞回曲线见图 4-23 和图 4-24。

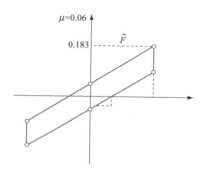

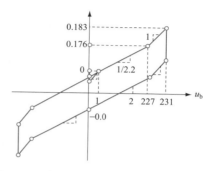

图 4-23 半径及摩擦系数相同的滞回曲线　　图 4-24 半径摩擦系数均不同的滞回曲线

等半径摩擦摆试验测试发现滞回曲线总体上保持了与理论相同的平行四边形趋势，但在侧向位移趋向为零的时候，荷载值变小，出现了捏拢，而且竖向压力越小，捏拢现象更加明显。出现这种现象的原因可能是：在支座侧向位移为零的时候，需要作动器的水平向和竖直向运动变化较快，作动器测量装置在快速位移下，测量数据偏小。

半径不相同的复摩擦支座，由于上下球面与滑块采用不同的摩擦副，造成复摩擦摆的两个滑动面摩擦系数不同。

当支座侧向位移为零的时候，滑块并不在球面中心位置，会出现一定偏差，理论上分析也表明这种现象是存在的。图 4-25 所示为显示滑块略微偏移中心位置。

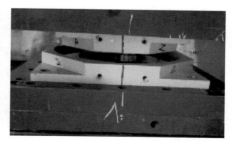

图 4-25 滑块偏移中心位置

（3）变压器—套管体系隔震模拟振动台试验。通过试验研究在采用设计的复摩擦摆隔震支座下变压器—套管体系模型的地震反应规律，获得以下结论：

1）三种复摩擦摆隔震支座均具有可观的初始刚度，在进行白噪声扫频时，支座均未发生滑动，体系的自振频率与未隔震时基本一致。且历次白噪声扫频结果保持一致，说明试验过程中体系未出现结构性损伤。

2）先后采用三种复摩擦摆支座对变压器—套管体系进行基础隔震，在扣除由于试验装置高度带来的放大作用后，体系的加速度响应以及应变响应与未隔震相比有显著的降低。以箱顶套管的平均峰值加速度为例，等半径摩擦摆支座、不等半径摩擦摆支座以及抗拉摩擦摆支座的隔震率分别为：53.8%、46.2%、64.6%。

3）采用等半径摩擦摆支座、不等半径摩擦摆支座以及抗拉摩擦摆支座进行隔震后的体系，最大位移分别为 43.30、37.70、71.96、36.96mm，由于隔震而产生的位移在容许范围内，且位移集中在隔震支座层，上部设备产生的位移较小，与预期相符。

4）由于变压器—套管体系的特殊性，试验发现采用复摩擦摆隔震支座的变压器—套管体系并不符合常见的单质点隔震分析模型，需要采用多质点模型或有限元模型进行精细化分析。

5）由于此次试验用支座的加工精度有所不足，因此造成了恢复力偏大以及滞回曲线不光滑，在一定程度上也影响到了支座的隔震效率。因此提高支座的加工精度可以使得隔震率有更进一步的提升，减小变压器—套管体系的地震响应。

4.3.2　单体设备及耦联体系隔震分析

（1）变电站单体设备隔震结构建模与响应分析。据 GB 50011—2010《建筑抗震设计规范》第 5.1.2 条规定，抗震设计时应至少选取两条天然地震波和一条人工合成波进行动力时程计算。美国 IEEE Std 693—2005《变电站抗震设计推荐规程》建议采用需求反应谱（Required Response Spectrum，RRS）来建立用于鉴定变电站设备的地震波特征。它给出需求反应谱，规定试验输入地震动的反应谱需要包络该需求反应谱。综合考虑以上两个规范，鉴于避雷器结构本身较柔，基频较低，因此天然地震波选用以长周期为主的 Northridge 波以及具有普遍代表性的 Elcentro 波南北分量。人工地震波则基于 IEEE Std 693—2005 规定的高抗震等级需求反应谱合成。各条地震波的峰值统一调整为 0.5g，相应的时程曲线和加速度反应谱见图 4–26。

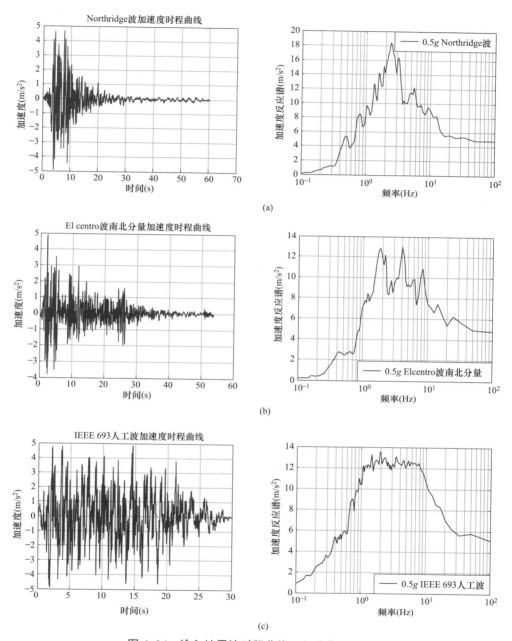

图 4-26　输入地震波时程曲线及加速度反应谱

（a）Northridge 波加速度时程曲线及加速度反应谱；（b）Elcentro 波南北分量加速度时程曲线及
加速度反应谱；（c）IEEE 693 人工波加速度时程曲线及加速度反应谱

145

由于电气方面的要求，变电站中的电气设备大都通过具有一定垂度的软母线连接在一起，地震作用下当设备间相对位移过大时，母线极易被拉断而导致设备发生破坏。另外，电气设备绝缘子根部与法兰连接处也常因为弯曲应力过大和变形不协调发生破坏，使得绝缘子断裂甚至掉落，影响变电站的正常运行。因此，在超特高压电气设备的设计和计算分析中，需要控制设备结构的顶端位移和绝缘子根部的弯曲应力。

对于单体设备而言，采用隔震技术能够明显降低结构的加速度响应和瓷瓶根部弯曲应力。隔震后设备的变形由隔震前的弯曲变形为主转为以隔震层的剪切变形为主，结构的加速度响应大幅降低，且随着取点在结构高度上的增加，其加速度响应降低程度越大；隔震后各绝缘子根部的弯曲应力也大幅降低，并满足规范所规定的容许应力的要求，以上规律均验证了隔震技术的有效性。

（2）变电站耦联设备体系隔震性能分析。此处选择 Elcentro 波、Taft 波及四川汶川 8.0 级地震清平波、卧龙波、曾家波进行耦联设备隔震体系的时域分析，5 组地震波时程曲线及加速度反应谱如图 4-27 所示。

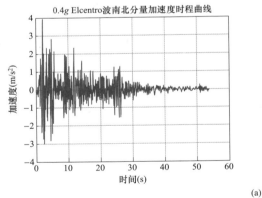
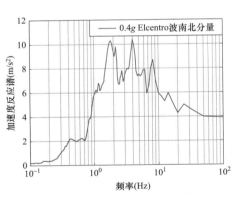

(a)

图 4-27　输入地震波时程曲线及加速度反应谱（一）

（a）Elcentro 波南北分量加速度时程曲线及加速度反应谱

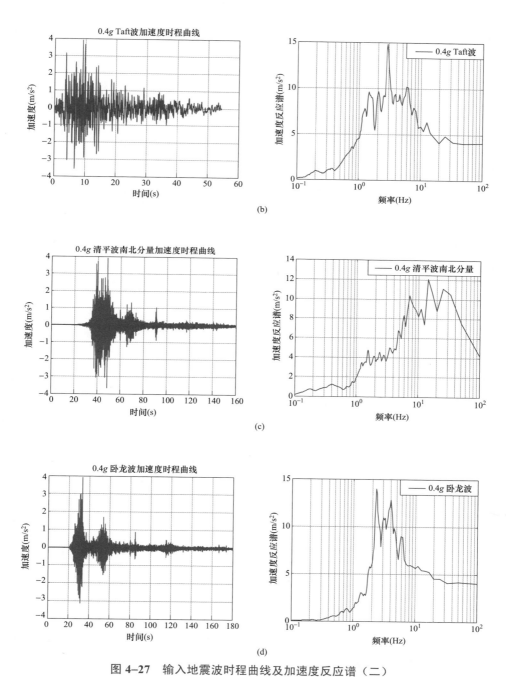

图4-27 输入地震波时程曲线及加速度反应谱（二）

（b）Taft波加速度时程曲线及加速度反应谱；（c）清平波加速度时程曲线及加速度反应谱；

（d）卧龙波加速度时程曲线及加速度反应谱

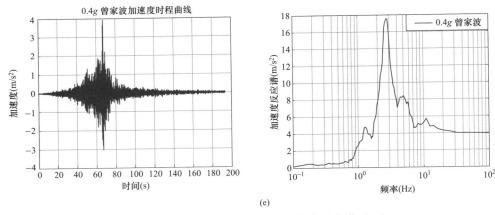

图 4—27 输入地震波时程曲线及加速度反应谱（三）

（e）曾家波加速度时程曲线及加速度反应谱

对于耦联设备体系，当一侧设备采取隔震措施时，隔震的有效性主要体现在此设备上。隔震设备的加速度响应峰值较隔震前大幅降低，位移响应与输入地震波频谱特性及隔震层特性有关，随着输入地震波不同，隔震层也不一定都进入非线性状态；而未隔震设备的加速度响应与位移响应基本不变。

4.3.3 ±800kV 穿墙套管减震分析

（1）穿墙套管减震结构原理、数值仿真与响应分析。

1）Ringfeder 阻尼器耗能原理。该阻尼器利用内环外环锥面接触时的挤压摩擦耗能，当弹簧柱轴向加载锥形表面时重叠导致外环膨胀和内环直径变小。单元之间存在间隙，每个弹簧的行程是环膨胀的度量，产生的周边应力也与形成有关，阻尼器内部装置耗能原理如图 4—28 所示。阻尼器在承受超过极限荷载的力时也不会被压坏，当阻尼器被压实，达到位移极限，便成为一个钢柱。

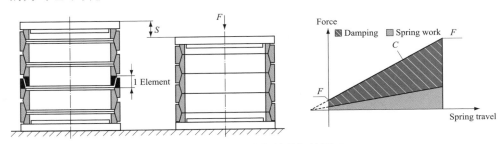

图 4—28 阻尼器内部装置耗能原理

本方案中采用的 Ringfeder 阻尼器的阻尼效果为 66%，意味着三分之二的吸收能量转化为热量，振荡和冲击很快衰减，从而实现地震作用下的耗能。

2）阻尼器布置方案。为提供足够的面内面外约束，使用 10 个阻尼器安装在套管根部法兰与阀厅连接的位置处，阻尼器布置方式如图 4–29 所示。

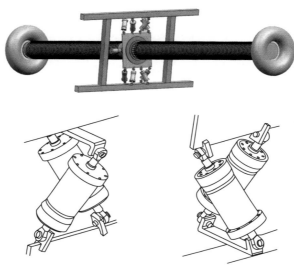

图 4–29　阻尼器布置方式

（2）数值仿真减震效果分析。对有无阻尼器的套管进行仿真建模分析，对比两种情况下套管的基频变化，以及顶部加速度，顶部位移，根部应力的值。

1）无阻尼器。无阻尼器的连接板与支架采用焊接的方式，故数值仿真时采用刚结的方式设置连接，计算得设备的一阶频率为 1.137 9Hz，套管上下同向变形；二阶频率为 1.230 1Hz，套管左右同向变形，无阻尼器穿墙套管模型如图 4–30 所示。套管顶部加速度值和位移值如图 4–31 和图 4–32 所示。

图 4–30　无阻尼器穿墙套管模型

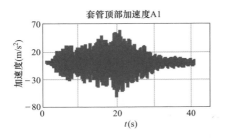

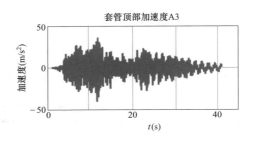

图 4-31　套管顶部加速度值

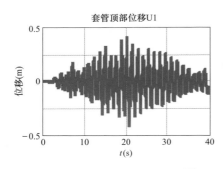

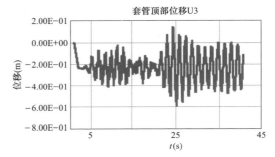

图 4-32　套管顶部位移值

2）有阻尼器。连接板与支架采用阻尼器连接，计算得设备的一阶频率为 0.857 59Hz，套管左右同向变形，有阻尼器穿墙套管模型如图 4-33 所示；二阶频率为 1.491 6Hz，套管上下同向变形。套管顶部加速度和位移计算结果如图 4-34 和图 4-35 所示。

图 4-33　有阻尼器穿墙套管模型

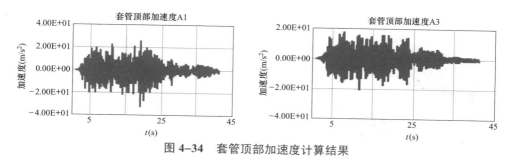

图 4-34 套管顶部加速度计算结果

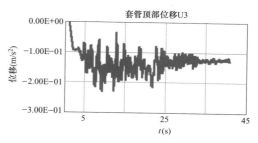

图 4-35 套管顶部位移计算结果

对比两种情况下的计算结果：

1）套管顶部加速度明显减小，套管根部应力明显减小。套管顶部位移变大，故需要进一步校核位移是否满足穿墙套管与其余设备连接位移冗余度的要求。

2）阻尼器的布置方式使得阻尼器的相对位移在整体坐标 U3 方向上分量大，即套管根部 U3 位移增大，顶部的相对位移便减小。

综上，阻尼器起到了一定的减震效果。

4.3.4 ±800kV 直流旁路开关减震分析

（1）减隔震体系。为了减小地震作用，在设备底部设置钢丝绳阻尼器及线性液压阻尼器，底部减震支座设置示意如图 4-36 所示。设备支架安装于底部八角形钢板上，中间部分设置 4 个钢丝绳阻尼器，边缘处每边设置 4 个线性液压阻尼器，共计 16 个液压阻尼器。在实际使用中，钢丝绳阻尼器和液压阻尼器的位置、数量均可以进行优化布置。

（2）数值仿真减震效果分析。由于钢丝绳阻尼器呈现出非对称特征，bouc-wen 模型在钢丝绳阻尼器上的使用具有一定的局限性，所以需要使用修正 bouc-wen 模型进行模拟，标准 bouc-wen 模型为

$$F(t) = ak_iu(t) + (1-a)k_iz(t) \qquad (4-8)$$

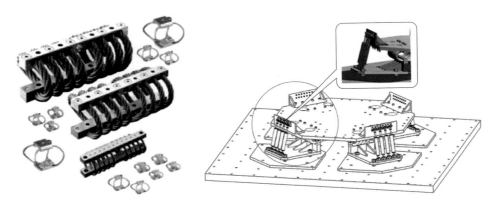

图 4-36　底部减震支座设置示意图

$$\dot{z}(t) = \dot{u}(t)\left\{A - [\beta sign(z(t)\dot{u}(t)) + \gamma]\big|z(t)\big|^{n}\right\} \tag{4-9}$$

在竖向拉压方向，采用 Demetriades 提出的修正模型进行模拟，其不同在于对式（4-8）进行了修改，如下

$$F(t) = K_{e}[e^{\beta_{1}u(t)} - e^{-\beta_{2}u(t)}] + K_{i}ze^{\alpha u(t)} \tag{4-10}$$

在水平剪切和翻滚方向，同时在小压力下滞回曲线应为对称结构，但是由于此处的测试使用的压力较大，所以在水平方向钢丝绳阻尼器的滞回曲线也显示出非对称特性。因此在水平方向对式（4-9）进行修改，如下

$$\begin{cases} u(t) > 0 : \dot{z}(t) = \dot{u}(t)\left\{A_{1} - [\beta_{1}sign(z(t)\dot{u}(t)) + \gamma_{1}]\big|z(t)\big|^{n_{1}}\right\} \\ u(t) < 0 : \dot{z}(t) = \dot{u}(t)\left\{A_{2} - [\beta_{2}sign(z(t)\dot{u}(t)) + \gamma_{2}]\big|z(t)\big|^{n_{2}}\right\} \end{cases} \tag{4-11}$$

采用粒子群算法对 bouc-wen 模型在三个方向的参数进行识别，问题实际上变为多维空间搜索寻优问题。将 bouc-wen 模型的参数设定为多维参数，如拉压方向共有 9 个待定参数。共设置 20 个随机粒子，并进行 1200 次迭代计算。粒子群算法的步骤如下：

1）将 20 个粒子随机分布在多维向量空间，即设定粒子群的初值。

2）所有粒子获取当前运动速度，并获取下一时刻在多维向量空间的位置。

3）进行多次迭代，直至所有粒子收敛至一定区域内，获取当前所有粒子在多位向量空间内的位置，进行平均后得到所需参数。

根据此前的经验，设置学习因子均为 2，设置惯性权重为 0.8。为了增强粒子群在后期的搜索能力，采用线性衰减惯性权重。

三向试验和拟合滞回曲线如图 4-37 所示。

前五阶振型均为旁路开关自身的弯曲及扭转，钢丝绳阻尼器自身刚度较大，所以对于整体模型的前几阶特征频率没有太大影响，见表 4-17。

表 4-17   旁路开关前 5 阶振型

阶数	特征频率（Hz）	振型描述
1	0.364	X 向弯曲
2	0.380	Y 向弯曲
3	0.561	扭转
4	2.267	X 向高阶弯曲
5	4.38	Y 向高阶弯曲

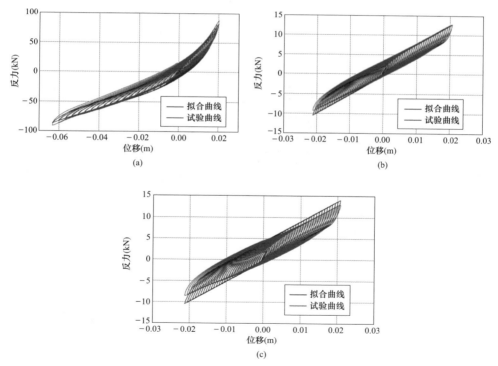

图 4-37　三向试验及拟合滞回曲线

（a）拉压方向滞回曲线；（b）剪切方向滞回曲线；（c）翻滚方向滞回曲线

对旁路开关进行减振控制后，旁路开关根部应力显著减小，显示钢丝绳阻尼器和液压阻尼器的组合能有效减小绝缘子的根部应力响应。进行减振控制后，绝缘子顶部的位移响应也略有减小，显示出这种减振方案的有效性。

4.3.5　换流阀减振分析

（1）张拉式减振控制方案。随着换流阀电压等级的提高，换流阀底部与地面的绝缘距离要求变大。当高度较大时，支柱式的液压阻尼器的效果减弱，且其自身在强震作用下安全性也受到威胁。对于阀塔底部高度较大的情况，将阀底与地面拉结是一种简单有效的方法。但若直接用绝缘子将阀底与地面连接，细长的绝缘子可能在压力下失稳而失去效果，且悬吊绝缘子中会产生巨大的拉力，甚至导致屋顶的坍塌，因此需要使用合适的方法连接阀底和地面。此处提出使用张拉绝缘子及弹簧—阻尼器连接件将阀塔底部与地面拉结的方案此处流阀进行位移控制。此方案要求阀塔底部屏蔽罩不能完全包裹阀塔底部，且换流阀塔层间需要设置为铰接以防层间绝缘子弯曲破坏，换流阀及底部屏蔽罩示意如图 4-38 所示。

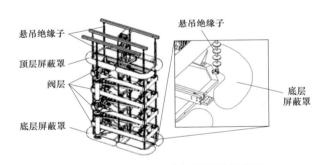

图 4-38　换流阀及底部屏蔽罩示意图

图 4-39 所示为换流阀减振控制方案示意图，采用玻璃钢耐张绝缘子与地面拉结。为了能为张拉绝缘子设置阻尼器并调节张拉刚度，在张拉绝缘子与地面连接处设置弹簧—阻尼器连接件。整个控制装置中，绝缘子用于电气绝缘，弹簧—阻尼器连接件用于提供阻尼并调节下拉杆件的刚度。下拉杆件长细比较大，若发生受压失稳则会在阀塔中产生瞬时冲击力，可能导致巨大的加速度及应力响应，需避免在下拉杆件中出现压力。当杆件采用斜拉形式时，拉杆中易出现压力，因此需要在杆件中施加预拉力。

（2）阀厅—阀塔理论计算模型的建立。为了确定减振控制方案所需参数，建立了如图4-40所示的阀厅—阀塔多自由度体系理论计算模型,对减振控制后的结构进行分析。对于阀厅—阀塔体系,设计减振控制方案需要确定四个参数,分别为斜拉杆水平投影长度 d,弹簧刚度 k,液压阻尼器阻尼系数 c 和预张力 P。

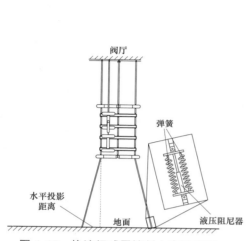

图4-39 换流阀减震控制方案示意图

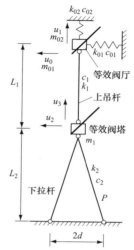

图4-40 阀厅—阀塔多自由度
体系理论分析模型

阀厅等效为顶部质量块,具有水平和竖向自由度。阀塔等效为中部质量块,具有水平和竖向自由度。当阀塔与地面拉结时,整个体系具有强烈的几何非线性,阀塔的动力特性与绝缘子轴力的大小密切相关。定义阀厅水平位移为 u_0,竖向位移为 u_1,阀塔的水平位移为 u_2,竖向位移为 u_3,共4个自由度。L_1 为阀厅屋架至阀塔质心的竖向距离,L_2 为阀塔质心与地面的竖向距离,$2d$ 即为单根斜拉绝缘子水平投影长度的两倍。

阀厅在水平向和竖向振动时,仅有一部分质量都参与振动,需要借助有限元模型获取阀厅的等效参数。建立一个节间的阀厅模型计算其水平向和竖向的基频 f_{01} 和 f_{02},以及水平刚度 k_{01} 和竖向刚度 k_{02}。可计算出阀厅在水平向和竖向的等效质量 m_{01} 和 m_{02}。阀厅的阻尼比定义为 ξ_0

$$\begin{cases} m_{01} = k_{01} / (2\pi f_{01})^2 \\ m_{02} = k_{02} / (2\pi f_{02})^2 \end{cases} \tag{4-12}$$

上吊杆刚度 k_1 取悬吊绝缘子轴拉刚度之和。与底部拉杆的阻尼相比,阀塔部分阻尼很小，所以忽略上吊杆阻尼系数 c_1。两根下拉杆的总刚度 k_2 和阻尼器总阻尼系数 c_2，下拉杆水平投影长度 d 以及预张力 P 为减振控制方案的设计参数。

根据达朗贝尔原理建立整个结构体系在地震作用下的运动方程

$$M\ddot{u} + C\dot{u} + Ku = -M\ddot{u}_g \qquad (4-13)$$

式中 M、C 和 K——体系的质量、阻尼和刚度矩阵；

$\ddot{u}_g$——地震动输入；

$\ddot{u}$、$\dot{u}$ 和 u——加速度、速度及位移响应向量，$u=\{u_0,\ u_1,\ u_2,\ u_3\}^T$。

在地震作用下，施加下拉杆件后的结构会产生强烈的几何非线性，需要通过时程计算获取其在地震下的响应。此处采用 Python 语言编写时程计算程序，使用纽马克-β 法进行时程计算，计算过程中采用增量方程进行迭代。

质量矩阵 M 与位移无关，表达式为

$$M = \begin{bmatrix} m_{01} & 0 & 0 & 0 \\ 0 & m_{02} & 0 & 0 \\ 0 & 0 & m_1 & 0 \\ 0 & 0 & 0 & m_1 \end{bmatrix}$$

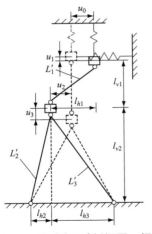

采用更新拉格朗日格式生成刚度及阻尼矩阵，即矩阵系数根据上一步的位移值生成，所以刚度矩阵 K 表达式为

$$K = K^e + K^g \qquad (4-14)$$

其中 K^e 为弹性刚度矩阵，即杆件为弹性小变形时的刚度矩阵。K^g 为几何刚度矩阵，体现了结构内部应力对刚度的影响，并考虑几何大变形效应的影响。

图 4-41 所示为体系在 i 时刻的阀厅—阀塔体系位移示意图，位移响应向量为 $u_i=\{u_{0i},\ u_{1i},\ u_{2i},\ u_{3i}\}^T$。$l_{h1}$、$l_{h2}$ 和 l_{h3} 分别为上吊杆和两根下拉杆的水平投影长度，l_{v1} 和 l_{v2} 分别为上吊杆和两根下拉杆的竖向投影长度。由此可以计算出三根杆件在此时刻的实际长度 L'_1、L'_2 和 L'_3

图4-41 体系在 i 时刻阀厅—阀塔体系位移示意图

$$\begin{cases} l_{h1} = u_{2i} + u_{0i} \\ l_{h2} = d - u_{2i} \\ l_{h3} = d + u_{2i} \\ l_{v1} = L_1 - (u_{3i} - u_{1i}) \\ l_{v2} = L_2 + u_{3i} \\ L_1' = \sqrt{l_{h1}^2 + l_{v1}^2} \\ L_2' = \sqrt{l_{h2}^2 + l_{v2}^2} \\ L_3' = \sqrt{l_{h3}^2 + l_{v2}^2} \end{cases} \tag{4-15}$$

由于下拉杆中的弹簧—阻尼器连接件中弹簧的刚度 k_2 远小于下拉杆中绝缘子的刚度，整个下拉杆的总刚度约等于 k_2，单根下拉杆刚度为 $k_2/2$。

弹性刚度矩阵 K^e 的表达式为

$$K^e = \begin{bmatrix} k_{01} + k_{22}^e & k_{01}^e & -k_{22}^e & k_{01}^e \\ k_{01}^e & k_{02} + k_{33}^e & k_{01}^e & -k_{33}^e \\ -k_{22}^e & k_{01}^e & k_{22}^e & k_{23}^e \\ k_{01}^e & -k_{33}^e & k_{32}^e & k_{33}^e \end{bmatrix} \tag{4-16}$$

其中

$$k_{22}^e = \frac{l_{h1}^2}{L_1'^2} k_1 + \frac{l_{h3}^2}{L_2'^2} \cdot \frac{k_2}{2} + \frac{l_{h3}^2}{L_3'^2} \cdot \frac{k_2}{2} \quad k_{23}^e = \frac{l_{h1} l_{v1}}{L_1'^2} k_1 + \frac{l_{h2} l_{v2}}{L_2'^2} \cdot \frac{k_2}{2} + \frac{l_{h3} l_{v2}}{L_2'^2} \cdot \frac{k_2}{2}$$

$$k_{22}^e = \frac{l_{h1}^2}{L_1'^2} k_1 + \frac{l_{h2}^2}{L_2'^2} \cdot \frac{k_2}{2} + \frac{l_{h3}^2}{L_3'^2} \cdot \frac{k_2}{2}$$

$$k_{33}^e = \frac{l_{v1}^2}{L_1'^2} k_1 + \frac{l_{v2}^2}{L_2'^2} \cdot \frac{k_2}{2} + \frac{l_{v2}^2}{L_3'^2} \cdot \frac{k_2}{2} \quad k_{01}^e = \frac{l_{v1} l_{h1}}{L_1'^2} k_1$$

几何刚度矩阵 K^g 的表达式为

$$K^e = \begin{bmatrix} k_{11}^g & 0 & 0 & 0 \\ 0 & k_{11}^g & 0 & 0 \\ 0 & 0 & k_{11}^g & 0 \\ 0 & 0 & 0 & k_{11}^g \end{bmatrix} \tag{4-17}$$

其中

$$k_{11}^g = \frac{L_1' - L_1}{L_1'} k_1 + \frac{L_2' - L_2}{L_2'} \cdot \frac{k_2}{2} + \frac{L_3' - L_2}{L_3'} \cdot \frac{k_2}{2}$$

当所有杆件均为受拉杆时，其中的刚度系数均大于 0。

阀厅的阻尼系数在整个计算过程中不变，下拉杆的阻尼始终沿着拉杆轴向

作用，阻尼力的方向随阀塔位置而变化，所以阻尼矩阵 C 与阀塔位移相关。阻尼矩阵 C 的表达式为

$$C = \begin{bmatrix} c_{01} & 0 & 0 & 0 \\ 0 & c_{02} & 0 & 0 \\ 0 & 0 & c_{11} & c_{12} \\ 0 & 0 & c_{12} & c_{22} \end{bmatrix}$$ （4–18）

其中

$$c_{01} = 4\pi m_{01} f_{01} \xi_0$$

$$c_{02} = 4\pi m_{02} f_{02} \xi_0$$

$$c_{11} = \frac{l_{h2}^2}{L_2'^2} \cdot \frac{c_2}{2} + \frac{l_{h3}^2}{L_3'^2} \cdot \frac{c_2}{2}$$

$$c_{12} = \frac{l_{h2} l_{v2}}{L_2'^2} \cdot \frac{c_2}{2} + \frac{l_{h3} l_{v2}}{L_3'^2} \cdot \frac{c_2}{2}$$

$$c_{22} = \frac{l_{v2}^2}{L_2'^2} \cdot \frac{c_2}{2} + \frac{l_{v3}^2}{L_3'^2} \cdot \frac{c_2}{2}$$

（3）阀厅—阀塔地震响应控制有限元仿真分析。减震控制后的阀厅—阀塔体系如图 4–42 所示，由于全阀厅加挂六个阀塔时计算量巨大，此处只建立一个节间的模型以验证控制方案的有效性。水平投影距离根据现场情况限制设为 3m，共设置六根张拉绝缘子，且向水平 X 和 Y 向均斜拉 3m。阀塔层间为铰接连接。设置 6 根下拉杆与阀塔原有的 6 根悬吊绝缘子对应，其中 4 根角部的下拉杆可以在 X 和 Y 两个方向上起作用。

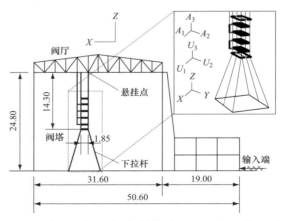

图 4–42　阀厅—阀塔体系减震控制示意图（单位：m）

图 4-43 为整体有限元模型中，换流阀厅的钢结构部分、防火墙框架及换流阀塔结构均使用 B31 线性梁单元建立，钢筋混凝土柱采用 S4R 壳单元建立。阀塔绝缘子直径为 24mm，弹性模量 50GPa。绝缘子使用非线性弹簧单元模拟。当非线性弹簧受压力超过其欧拉屈曲力时，弹簧失去刚度。下拉杆使用非线性弹簧和阻尼单元，其刚度和阻尼按照上文中的最佳参数范围设定。由于下拉杆中已经有较大的阻尼，所以模型中阀塔部分不设置瑞丽阻尼，阀厅部分根据其自身前两阶频率设置瑞丽材料阻尼。计算时首先施加重力和预张力再输入三向地震波进行时程计算。

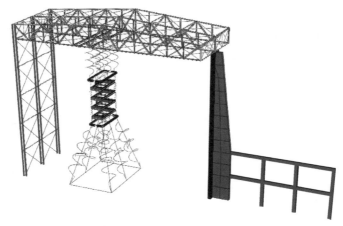

图 4-43 整体有限元模型

此处中仅列出三组参数组合，6 根下拉杆总阻尼、总刚度及总张力设置见表 4-17。输入三组地震波进行分析，共计 9 个工况。

提取阀塔 X 向的位移时程与理论模型的计算结果进行对比，位移时程如图 4-44 所示。理论模型和有限元模型的计算结果较为吻合，但在高阻尼情况下有限元计算所得位移与理论模型相比偏大。此处提及理论模型能较为准确地计算阀塔的地震响应。

阀塔在限位前及施加方案 1 后的响应峰值见表 4-18。表 4-18 和表 4-19 中的位移均为阀塔中从上至下第 3 层阀层的位移，S_1 为单根绝缘子拉力。限位后阀塔的水平位移显著减小，位移峰值均限制在 0.6m 以内。限位后阀塔的竖向加速度响应显著减小，且各悬吊绝缘子中没有出现受压屈曲。阀塔在悬吊时可能在竖向地震作用下发生"弹跳"现象，在绝缘子中产生巨大的瞬时拉力。经过减振后，由于绝缘子不再受压屈曲，绝缘子中没有出现巨大的瞬时拉力。尽管下拉杆中施加了 20kN 的预张力,减震控制后悬吊绝缘子的拉力与减震控制前没有太大差别。

表 4-18   三种方案在三组地震波下的响应峰值

编号	最大位移（m）	最大总拉力（kN）	阻尼器最大行程（cm）
1	0.59	142	27.6
2	0.56	145	26.2
3	0.52	149	24.6

表 4-19   采取减震控制措施前后时程分析响应峰值

是否采取减震措施	地震波	A_1（m/s²）	A_3（m/s²）	U_1（m）	S_1（kN）
未采取减震措施	Elcentro	19.0	16.8	1.64	27.2
	Landers	21.0	29.1	0.93	30.7
	Taft	26.2	58.8	0.87	34.0
采取减震措施	Elcentro	19.5	5.3	0.59	27.7
	Landers	19.3	4.6	0.32	29.0
	Taft	20.3	6.9	0.23	31.9

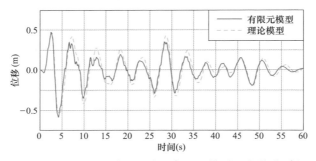

图 4-44 **Elcentro** 波下理论及有限元模型 X 向位移时程

减震控制后的阀塔在地震作用下会产生强烈的非线性,导致其刚度不断地变化。从模态分析中可以获取方案 1 在初始状态下,阀塔的基频为 0.205Hz。提取阀塔在 3 组地震波输下的阀层水平位移 U 进行频谱分析,阀塔水平位移功率谱的频率分布在 0.18～0.28Hz。阀厅基频为 1.8Hz,所以此处限位后阀塔整体振动的频率与阀厅基频相差很远,不至于产生共振。对于其他类型的阀塔和减振控制方案,则需要注意其几何非线性导致的频率变化,并校核其是否可能与阀厅发生共振。设计减振控制方案时,基于理论模型确定最优参数的范围后,还需使用有限元模型进行校核,以防减振方案对阀塔产生其他不利影响。

提取阀塔各位置的响应，如图4-45～图4-52所示。

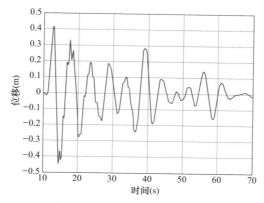

图 4-45 阀塔底部 U_1 向位移

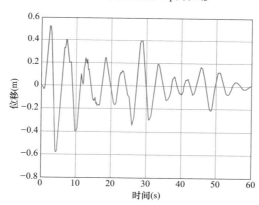

图 4-46 阀塔阀层 U_1 向位移

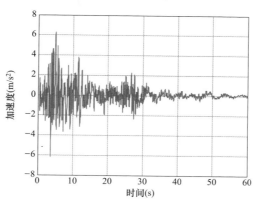

图 4-47 阀塔底部 A_1 向加速度

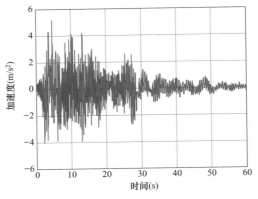

图 4—48　阀塔阀层 A_1 加速度

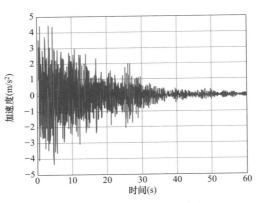

图 4—49　阀塔底层 A_3 加速度

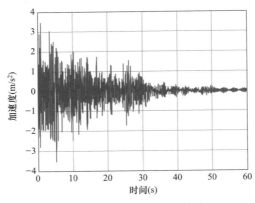

图 4—50　阀塔阀层 A_3 加速度

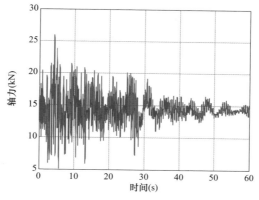

图 4-51　顶层绝缘子轴力时程

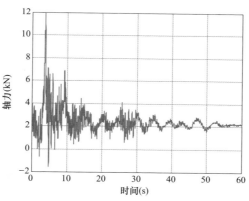

图 4-52　底层绝缘子轴力时程

4.4　抗震设防标准对比

设防目标是指根据设防原则对工程设防要求达到的具体目标。设防水准指在工程设计中如何根据客观的设防环境和已定的设防目标，并考虑社会经济条件来确定采用多大的设防参数，即多大强度的地震作为防御的对象。如 GB 50011—2010《建筑抗震设计规范》采用"小震不坏、中震可修、大震不倒"三级设防目标，相应的设防水准分别为 50 年超越概率 63%、10%、2%～3%。

4.4.1　设防目标

各国规范采用的设防目标略有不同，见表 4-20。美国 IEEE693 及 GB 50260—2013《电力设施抗震设计规范》中电气设备均采用两级设防。对于我国一般电气设备，设防目标可简称为"中震不坏大震可修"；对于变电站重要的电气设备，按设防烈度提高 1 度进行设防，即"大震不坏"。IEC 系列标准和日本 JEAG 5003 采用了一级设防，要求设备的功能不降低，设防目标对应于"大震可修"。GB 50556—2010《工业企业电气设备抗震设计规范》也采用了一级设防，设防目标为"中震不坏"；重要电气设备的设计基本加速度提高 $0.05g$，$0.2g$ 及以上时不再提高。

表 4–20　　　　　　　　　抗震设防目标及设防水准比较

标准及规范		设防目标	设防水准
美国 IEEE Std 693—2005《变电站抗震设计推荐规程》		当遭遇给定水平的 RRS 地震时，设备完全无损坏，能继续运行；当遭遇给定水平的 PL 地震时，设备稍微损坏，大部分设备能继续运行	根据工程场地 50 年超越概率 2% 的 PGA 决定低、中、高抗震水平
GB/T 13540—2009 IEC 62271–2–2003 IEC 62271–300–2006 IEC 62271–207–2007		主回路、控制和辅助回路包括相关的安装构架不应出现故障。只要不降低设备的功能，永久的变形是允许的	所选择的抗震性能水平应与设施的安装地点地震时最大地面运动相一致。这一水平应对应于 S2 级地震
日本　JEAG 5003—2010		电气设备功能无异常现象发生	正弦共震三波 0.3g（电瓷型设备）、0.5g（变压器）
GB 50260—1996《电力设施抗震设计规范》	一般设备	当遭受到相当于设防烈度及以下的地震影响时，不受损坏，仍可继续使用；当遭受到高于设防烈度预估的罕遇地震影响时，不致严重损坏，经修理后即可恢复使用	设防地震：50 年超越概率 10% 罕遇地震：50 年超越概率 2%～3%
	重要设备		按设防烈度提高 1 度，但设防烈度为Ⅷ度及以上不再提高
GB 50260—2013《电力设施抗震设计规范》	一般设备	当遭受到相当于本地区抗震设防烈度及以下的地震影响时，不受损坏，仍可继续使用；当遭受到高于本地区抗震设防烈度相应的罕遇地震影响时，不致严重损坏，经修理后即可恢复使用	设防地震：50 年超越概率 10% 罕遇地震：50 年超越概率 2%～3%
	重要设备		按设防烈度提高 1 度，但设防烈度为Ⅸ度及以上不再提高
GB 50556—2010《工业企业电气设备抗震设计规范》	一般设备	当遭受到相当于本地区抗震设防烈度及以下的地震影响时，可不受损坏，可继续使用	设防地震：50 年超越概率 10%
	重要设备		按本地区抗震设防烈度提高一度采取抗震措施，但抗震设防烈度为Ⅸ度时，应按比Ⅸ度更高要求采取抗震措施；设计基本加速度提高 0.05g，0.2g 及以上时不再提高

电气设备多为含瓷套的细长型设备，在地震中常因瓷套断裂而破坏。瓷套

为脆性材料，一旦破坏，将不能继续使用，没有"可修"状态。"可修"是指电气设备中的次要部件或塑性材料产生损坏或变形，经修理后即可恢复使用。因此，对于第二级设防中的"可修"，也需保证瓷套所受应力小于破坏应力，保证其不坏。

美国 IEEE Std 693—2005 规定了基本抗震考核水平，给出了相应的需求响应谱（Required Response Spectra，RRS），也称为 RRS 考核水平。要求在 RRS 考核下瓷套的应力小于破坏应力的 50%，当地震作用增大一倍，即抗震性能水平（Performance Levels，PL）时，瓷套的应力小于破坏应力。在 RRS 水平下取 2.0 的安全系数，可预期保证在 PL 时瓷套不坏，结合其他措施，达到"可修"的设防目标。

GB 50260—1996《电力设施抗震设计规范》及 GB 50260—2013《电力设施抗震设计规范》在地震作用、强度验算等方面给出了具体要求，可保证第一级设防目标"不坏"的实现。但规范没有给出实现"可修"的具体措施，导致第二级设防目标不易实现，这是该规范在抗震设防方面的不足之处。如有些瓷套在中震时，可确保设备"不坏"；但在大震时，不能保证瓷套不破坏，"可修"的目标则不能实现。在中震时规范给出的安全系数为 1.67，只是考虑电瓷产品破坏应力的离散性及脆性破坏，并没有考虑"大震可修"的设防目标。可参考美国 IEEE Std 693 的相关规定，通过增大安全系数，明确瓷套破坏应力的计算方法，实现"可修"的设防目标。

4.4.2 设防水准

日本规范采用了正弦三波 0.3g（电瓷型设备）、0.5g（变压器），其放大系数约为相同峰

值加速度时程的 1.3 倍，转换为地震动时程分别为 0.39g（电瓷型设备）、0.65g（变压器）。

美国 IEEE 693—2005 定义了高、中、低三个基本抗震考核水平（RRS），加速度峰值分别为 0.5g、0.25g、0.1g；以及高、中二个抗震性能水平（PL），加速度峰值分别为 1.0g、0.5g，是相应 RRS 的 2 倍。对于 RRS 水平，可根据工程场地 50 年超越概率 2% 的 PGA 值而进行选择：当 PGA 小于 0.1g 时取低等级，介于 0.1g～0.5g 时取中等级，大于 0.5g 时取高等级；对于 PL，当 PGA 介于 0.1g～0.5g 时取中等级，大于 0.5g 时取高等级。可以看出，IEEE 693 在一个较大的范围内考核水平是就高不就低，抗震设防水平较高。根据我国的地震危险性分析，Ⅷ度 0.2g 区 50 年超越概率 2% 的 PGA 一般小于 0.5g，表 4–21 中按 0.25g 选取；

Ⅷ度 0.3g 区。50 年超越概率 2%的 PGA 一般大于 0.5g，按 0.5g 选取。

表 4-21　　　　　　　　　　不同规范设计加速度取值比较

相关规范		Ⅵ度 （0.05g）	Ⅶ度 （0.10g）	Ⅶ度 （0.15g）	Ⅷ度 （0.20g）	Ⅷ度 （0.30g）	≥Ⅸ度 （≥0.4g）
人工合成地震波		0.1g	0.2g		0.2g		0.4g
	GB 50260—1996	0.1g	0.2g		0.4g		0.4g
	GB 50556—2010	0.1g	0.15g	0.2g	0.2g	0.3g	0.4g
	IEEE Std 693—2005	0.25g					0.5g
	GB/T 3540—2009 及 IEC 标准	0.2g			0.3g		0.3g（Ⅸ度） 0.5g （＞Ⅸ度）
	JEAG 5003—2010	正弦共振三波　0.3g（电瓷型设备）、0.5g（变压器）					
五周拍波	IEEE Std 693—2005	十周拍波（断路器）0.25g					0.5g
	GB 50260—1996	0.075g	0.15g		0.15g		0.3g
	GB 50260—2013	0.075g	0.15g		0.15g		0.3g
	GB/T 13540—1992						

GB/T 13540—2009 给出的设防目标，从文字描述上看其大体相当于 IEEE 693 中 PL 的设防目标；对应的设防水准为 S2 级地震，相当于核电站中的安全停堆地震，这一水平要高于 IEEE 693 中 PL 地震。但 GBT 13540—2009 给出的加速度值（表 2）明显达不到 S2 级地震，有些分区甚至低于 PL 地震。如设防烈度为Ⅶ度时取 0.2g，大体相当于我国 50 年 2%的超越概率，与 S2 地震（50 年超越概率 0.5%）相差较大，也低于 IEEE 693 给出的 0.25g。

对于Ⅷ度 0.3g 区，GB/T 13540—2009 标准取 0.3g，在我国相当于 50 年 10% 的超越概率，与 S2 地震的差异更大；而 IEEE 693—2005 取 0.5g，也明显高于 IEC 标准。可以看出，GB/T 13540—2009 标准没有很好地结合我国的地震情况，给出的设防水准和加速度取值不一致，加速度取值偏低。

GB 50260—2013《电力设施抗震设计规范》Ⅵ度区设计基本加速度为 0.1g，明显低于美国、日本规范的取值。Ⅷ度 0.2g 区提高到 0.4g，高于美国、日本规范的取值，抗震设防水准大约相对于 50 年超越概率 2%，基本符合我国国情。我国Ⅵ度区的面积较大，电气设备抗震设防水准应再适当提高。

GB 50556—2010《工业企业电气设备抗震设计规范》中重要电气设备的设计基本加速度提高 0.05g，0.2g 及以上时不再提高，设防水准低于其他规范，尤其是高烈度区。由于工业企业电气设备在地震中一旦破坏，可引起火灾、爆炸等严重次生灾害。与其他规范相比，应适当提高工业企业电气设备的抗震设防水准。

大地震灾害电网应急抢险

■ 5.1 设备设施受损分析

5.1.1 电力设备设施受损情况

（1）电网整体受损情况。2008 年 5 月 12 日 14 时 28 分，四川汶川发生了里氏 8.0 级特大地震。受地震灾害影响，四川电网累计因灾停运 500kV 变电站 1 座、220kV 变电站 13 座、110kV 变电站 66 座、35kV 变电站 91 座、电铁牵引变电站 5 座；累计停运 500kV 输电线路 4 条、220kV 输电线路 46 条、110kV 输电线路 118 条、35kV 输电线路 106 条、10kV 输电线路 2495 条，其中农网 10kV 输电线路 1700 条、10kV 配电变压器 33 272 台、低压线路 74 425 条，损毁供电所 118 个。在受损的 171 座变电站中，完全损毁 17 座，其中，需原地恢复重建变电站有 5 座，其中，220kV 2 座、110kV 2 座、35kV 1 座；需规划重建变电站 12 座，其中，500kV 1 座、220kV 2 座、110kV 3 座，35kV 6 座。变电站受损统计见表 5-1，输电线路停运统计见表 5-2。

表 5-1　　　　　　　　变 电 站 受 损 统 计

电压等级（kV）	变电站总数	受损停运数量	比例（%）
500	18	1	5.56
220	91	13	14.29
110	400	66	16.50
35	583	91	15.61

表 5-2　　　　　　　　输 电 线 路 停 运 统 计

电压等级（kV）	线路总数	停运数量	比例（%）
500	44	4	9.09

电压等级（kV）	线路总数	停运数量	比例（%）
220	287	46	16.03
110	954	118	12.37
35	1108	106	9.57

注　统计数据包含成德绵广等震区，以及茂县站。

　　灾害前，四川电网负荷为 1250 万 kW，其中受灾最严重的 5 市（州）负荷 525.8 万 kW（成都 306.4 万 kW，德阳 106.9 万 kW，绵阳 56 万 kW，广元 39 万 kW，巴中 8.5 万 kW，阿坝 9 万 kW）。灾害后，四川电网负荷为 852.2 万 kW。其中，受灾最严重的 5 市（州）负荷仅剩余 128 万 kW（成都 106.9 万 kW，德阳 10.9 万 kW，绵阳 1.1 万 kW，广元 8.3 万 kW，巴中 0.8 万 kW，阿坝 0 万 kW），全网损失负荷近 400 万 kW，负荷损失率为 31.8%，这 6 市（州）负荷损失率达到 75.7%。

　　受灾害影响，四川电网受损停运的火电厂 1 座，容量为 126 万 kW，损失可调电量约 2500 万 kWh；共有 18 座水电厂停运，可调电力与电量损失分别为 200 万 kW 和 4000 万 kWh。四川全网日均可调电力电量分别减少 310 万 kW 和 6500 万 kWh。

　　四川汶川 8.0 级地震断裂带示意图如图 5-1 所示。

图 5-1　四川汶川 8.0 级地震断裂带示意图

（2）地震前后电网运行情况。地震发生后，四川电网损失负荷 430 万 kW，负荷损失率为 31.8%，受灾 6 市（州）负荷损失率达到 75.7%。受地震灾害影响，江油火电厂停运，容量为 126 万 kW，损失可调电量约 2500 万 kWh；茂县水电群共有 18 座水电厂停运，可调电力与电量损失分别为 200 万 kW 和 4000 万 kWh。四川全网日均可调电力和电量分别减少 310 万 kW 和 6500 万 kWh。

（3）输变电设备损坏情况。

1）变压器受损情况。在四川汶川 8.0 级地震中，国网四川省电力公司（包括控股公司）共有 114 台 110kV 及以上变压器，1 台 110kV 等级电抗器（500kV 中性点电抗器）及 7 台 500kV 电抗器受到损坏。受损情况主要有本体移位、固定焊接部分或螺栓损坏，套管破裂、移位、漏油，低压母线变形等。

a. 500kV 变电站，共有 6 台变压器、7 台高压电抗器损坏。损坏部位全部是套管，占受损台数 100%。部分典型案例图片如图 5-2 和图 5-3 所示。

图 5-2　变电站主变压器 B、C 相套管碎裂脱落

图 5-3　变电站主变压器高压侧 A 相套管根部断裂

b. 220kV 变压器共有 27 台受到损坏，损坏情况最多的是套管错位或裂纹导致漏油，共 17 台，占受损台数 62.9%；变压器本体发生位移，共 11 台，占受损台数 40.7%，其他部位受损有 8 台，占受损台数 29.6%。其他受损情况包括散热器与本体裂纹漏油、高压引流线拉断、温度计等附件损坏、气体继电器与本体油箱连接的波纹管破裂漏油等。部分典型案例图片如图 5-4～图 5-6 所示。

图 5-4　1 号主变压器位移，紧固螺栓拉断变形

图 5-5　1 号主变压器油枕至高压侧套管 B 相升高座油管断裂

图 5-6　220kV 变电站 I 号主变压器 220kV 侧 C 相高压套管位移 1cm 左右

c. 110kV变压器共有82台（含1台中性点电抗器）受到损坏，损坏部位最严重的是变压器套管，共50台，占受损台数61%，套管受损包括高压套管错位、漏油、套管法兰裂缝以及低压套管破裂漏油。其次是变压器本体发生位移，共22台，占受损台数26.8%。其他部位损坏21台，占受损台数25.6%，其他受损类型包括主变压器散热器、储油柜等附件与本体连接软管破裂造成漏油，气体继电器动作，500kV茂谭二线中性点电抗器储油柜油位表指示为零等。部分典型案例图片如图5-7～图5-9所示。

图5-7　变电站2B地基下沉，变压器倾斜

图5-8　变电站2号
主变压器位移3cm

图5-9　110kV变电站1号主变压器
高压侧三相套管错位

d. 3台10kV电抗器的受损情况：110kV变电站10kV电容二路电抗器炸裂；110kV变电站10kV电容一路电抗器A相套管渗油；10kV电容一路电抗器B相套管渗油。

e. 统计分析。在此次四川汶川 8.0 级地震中，国网四川省电力公司共有 122 台 110kV 及以上变压器（含 1 台 110kV 中性点电抗器和 7 台 500kV 电抗器）受到损坏。其中，500kV 变压器（含 500kV 并联电抗器）受损数量为 13 台，占受损总量的 11%；220kV 变压器受损数量为 27 台，占受损总量的 22%；110kV 变压器（含 1 台 110kV 电抗器）受损数量为 82 台，占受损总量的 67%。套管受损共 80 台次，占受损总量的 57%；变压器本体发生位移共 33 台次，占 23%；其他部位受损共 29 台次，占 20%。从变压器按电压等级和受损类型分布统计图中，可以看出 110kV 受损量最大，且各个电压等级受损的变压器都以套管受损为主要类型，同时本体位移这一受损类型也占有较高比例，500kV 受损变压器均为套管受损。各电压等级受损变压器分布见表 5-3，变压器受损类型分布见表 5-4。四川电网震后受损变压器统计如图 5-10 所示，其台次及电压等级分布见图 5-11。震后变压器受损类型统计见表 5-5。

表 5-3　　　　　　　　　　各电压等级受损变压器分布

电压等级（kV）	受损台数	所占比例（%）
500	13	11
220	27	22
110	82	67

注　"所占比例"是受损电压等级占受损总台数的比例。

表 5-4　　　　　　　　　　变压器受损类型分布

受损类型	受损台次	所占比例（%）
套管受损	80	57
本体位移	33	23
其他	29	20

注　1. "其他"包括附件损坏，散热器、气体继电器、温度计等与本体连接损坏造成漏油，高压引流线断裂，储油柜漏油等等。
　　2. "所占比例"是受损类型占受损总台次的比例。

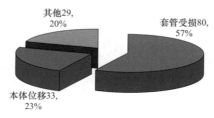

图 5-10　四川电网震后受损变压器统计（按受损类型）

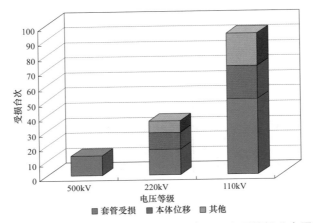

图 5-11　四川电网震后受损变压器台次及电压等级分布图

表 5-5　　　　　　　　　　　四川电网震后变压器受损类型统计表

电压等级（kV）	受损台数（台）	套管受损台次	本体位移台次	其他受损台次
500	13	13	0	0
220	27	17	11	8
110	82	50	22	21

2）开关类设备（隔离开关、断路器、GIS）主要包括断路器与隔离开关的损坏情况，按照不同电压等级变电站分别进行统计分析。

a. 断路器受损情况。220kV 变电站 220kV 等级断路器共有 30 台受损，其中变电站 5 台全部倒塌，本体断裂或倾斜 18 台，因裂缝 SF$_6$ 气体严重泄漏 6 台，机构故障 1 台；110kV 等级断路器共 11 台受损，其中本体断裂 7 台，瓷套裂纹 2 台，机构漏油 1 台，分合闸指令错误 1 台；35kV 等级断路器共损毁 6 台，均因建筑物倒塌压坏。部分典型受损案例图片如图 5-12 和图 5-13 所示。

图 5-12　旁路开关 A 相支柱底座断裂

图 5-13　双断口断路器三相顶端法兰处折断

174

110kV 变电站中共损毁 110kV 等级断路器 27 台，其中，断裂倾倒 18 台，严重漏油 5 台，合闸线圈烧坏 2 台，放弧 1 台，油色变黑 1 台；损毁 35kV 等级断路器 20 台，其中 18 台变形，1 台螺栓松动，1 台炸裂；损毁 10kV 等级的断路器 26 台，其中因建筑物倒塌砸坏 21 台，烧坏 2 台，跳闸线圈脱落 1 台，因断路器摆动，紧急分闸杆顶住，断路器跳闸 1 台，1 台原因不明。部分典型案例图片如图 5-14 和图 5-15 所示。

图 5-14   110kV A 相根部瓷套断裂

图 5-15   110kV 母联开关 A 相开关瓷套断裂

四川电网 110kV 及以上断路器震后受损统计见表 5-6，数量统计见图 5-16。

表 5-6   四川电网 110kV 及以上断路器震后受损统计

电压等级（kV）	受损台数
220	30
110	38

图 5-16   断路器震后受损数量统计

整个 220kV 断路器故障类型统计可以发现由地震引发的断裂损坏占总量的 77%，之后是地震引发的漏气或漏油占总量的 20%。

整个 110kV 电压等级受损断路器受损类型统计，可以看出，断裂类型占受损总量 71%，之后为漏气或漏油占 16%，操动机构故障占 8%。

因此，从这两个电压等级受损断路器的相关统计分析可以看出，断路器这种瓷质设备，具有相当高度，且重心高，在地震波作用下，很容易产生倾覆作用，迫使根部瓷质断裂，同时引发其他相关故障；部分站内存在一组中只有一相断路器倾倒，而相邻两相完好的情况，需要进一步从地震波的物理特性等方面深入分析研究。

b. 隔离开关受损情况。隔离开关 A 相拐臂受损断裂，如图 5-17 所示；接地隔离开关 B 相倾斜。

图 5-17　隔离开关 A 相拐臂受损

220kV 变电站 220kV 等级隔离开关共 53 台被损坏，其中，绝缘子断裂或折断 43 台，变形 7 台，绝缘子裂纹 1 台，传动连杆断裂 1 台，隔离开关移位 1 台，如图 5-18 所示受损情况。

图 5-18　变电站隔离开关受损情况

A 相触头支柱绝缘子根部断裂倒塌，B 相触头支柱绝缘子从下部绝缘子 7 片处断裂倒塌，C 相触头支柱绝缘子从下部绝缘子 4 片处断裂断塌，引线均脱落。

110kV 变电站 110kV 等级的隔离开关共有 43 台受损，其中支柱断裂、倾倒 35 台，变形 5 台（见图 5-19），裂纹 1 台，触头烧熔 1 台，1 台原因不明；35kV 等级的隔离开关共有 10 台受损，其中，支柱断裂 6 台；10kV 等级的隔离开关共有 52 台受损。

图 5-19　110kV 隔离开关 B 相主隔离开关变形

隔离开关震后受损情况统计分析。从四川电网 110kV 及以上隔离开关震后受损统计（见图 5-20 和表 5-7）可以看出，110kV 及 220kV 受损隔离开关占整个受损隔离开关的 98.9%，500kV 仅有 1 台受损。

表 5-7　　　　　四川电网 110kV 及以上隔离开关震后受损统计

电压等级（kV）	受损台数
500	1
220	53
110	48

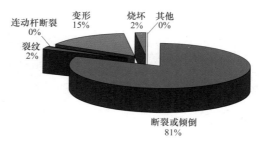

图 5-20　110kV 及以上隔离开关受损统计

从 220kV 隔离开关震后受损统计表中，可以看出，该电压等级隔离开关受损的主要形式为断裂或倾倒，该受损形式占所有受损比例的 81%。

从 110kV 等级隔离开关受损统计中，可以看出震灾对隔离开关的影响主要是通过震动引起该设备在三维空间产生位移，由于隔离开关为瓷质设备，且重心高，因此，最容易引发的损坏类型就是断裂或倾倒，变形等，这也说明以后在电力设备抗震可靠性研究开发中应当主要考虑这两种损坏类型的影响。

3）母线及支柱受损情况。据不完全统计，由于地震引起的 110kV 及其以上电压等级变电站内母线倾倒 5 段，母线支柱折断 16 只。部分典型案例图片如图 5-21 和图 5-22 所示。

图 5-21　220kV 变电站母线

图 5-22　变电站母线支柱绝缘子脱落绝缘子断裂

4）互感器。

a. 电压互感器受损情况。受地震影响，受损 110kV 及其以上电压等级的电压互感器共计 24 只，其中，500kV 电压互感器 1 只，220kV 电压互感器 16 只，110kV 电压互感器 7 只。其中，断裂或倾倒 5 只、裂纹 3 只、渗油 5 只、炸裂 3 只，其他原因 8 只。其中，220kV 母线电压互感器折断示例如图 5-23 所示。

针对受损的 24 台电压互感器进行相关数据统计分析，受损类型分布见表 5-8。从表 5-8 中可以看出，受损电压互感器以 220kV 的数量为最多，且整个电压互感器主要受损类型为断裂或倾倒 21%，以及渗油 21% 和炸裂 13%，裂纹 13%，其他受损类型主要是现场受损原因不明。

图 5-23　220kV 母线电压互感器折断

表 5-8　　　　　　　　　　电压互感器受损类型分布表

电压等级（kV）	受损总量	断裂或倾倒	裂纹	渗油	炸裂	其他
500	1		1			
220	16	2	2	4		8
110	7	3		1	3	

b. 电流互感器受损情况。四川汶川 8.0 级地震中受损 110kV 及以上等级电流互感器共有 163 台，其中，110kV 电流互感器有 115 台，220kV 电流互感器 48 台。

部分典型案例图片如图 5-24 和图 5-25 所示。

从受损电流互感器相关数据统计（见表 5-9）中可以看出，受损电流互感器主要是 110kV 电压等级，而整个受损电流互感器的受损主要类型为渗油，其次为倾倒和裂纹以及变形，由于相当部分受损电流互感器受损原因不清，因此统一归入其他原因。

图 5-24　220kV 电流互感器损坏

图 5-25　110kV 电流互感器漏油

表 5-9　　　　　　　　　　　电流互感器受损类型分布表

电压等级（kV）	受损台数	炸裂	渗油	裂纹	变形	倾倒	其他
220	48		14	3	8	12	11
110	115	1	33	9	3	18	51

从互感器受损情况可以看出，由于地震所造成的对互感器的损伤主要表现为互感器倾倒，互感器瓷套破损引起的渗油，互感器本体变形，裂纹等。其中以互感器倾倒、互感器套管破损引起的渗油最为普遍。由于地震破坏力巨大，使得互感器本体受到巨大震动而易于倾倒，并且由于地震烈度高而导致瓷套抗震性不足，并导致其受损严重。

5）避雷器受损情况。受损避雷器共 93 支，其中 220kV 避雷器共受损 57 只（含 500kV 变电站断裂 220kV 避雷器 6 只），110kV 避雷器共受损 36 支，受损类型大部分为断裂或倾倒。部分典型案例图片如图 5-26～图 5-28 所示。

图 5-26   220kV 侧避雷器断裂倾倒

图 5-27   220kV 母线 B 相的避雷器断裂

图 5-28   110kV 避雷器断裂

从避雷器受损情况（见表 5-10 和表 5-11）可以看出，由于地震所造成的对避雷器的损伤主要表现为避雷器底部断裂，倾倒。事实上，由于地震破坏力巨大，避雷器的倾倒主要由两方面原因造成：一是避雷器本身底部在地震中从支柱上脱落，二是受端部引线拉力作用，在地震中被拉断。

表 5-10 四川电网震后避雷器受损统计表

电压等级（kV）	受损台数
220	57
110	36

表 5-11 四川电网震后避雷器受损统计表（按受损类型）

电压等级（kV）	断裂倾倒	裂纹	炸裂	其他
220	41	12		4
110	16	17	3	

6）输电线路受损情况。受地震灾害影响，四川电网累计停运 500kV 输电线路 4 条、220kV 输电线路 46 条、110kV 输电线路 118 条、35kV 输电线路 106 条、10kV 输电线路 2495 条。

此次地震，500kV 输电线路受损严重的主要是基础部分，出现了基础滑坡和保坎裂缝的现象；绝缘子受损情况不是很严重，仅发现有几处倾斜偏移情况；南充电业局发现有一处地线断股现象。220kV 输电线路也是基础滑坡、护坎破坏较多；有地线断股现象；拉线断裂一根；绵阳倒塔一处。110kV 输电线路主要问题也是基础、保坎被破坏；倒塔现象也较严重；发生多处导、地线断裂。就目前收集到的线路情况，110kV 及以上电压等级的输电线路共有 57 条受损线路，其中 110kV 输电线路的倒杆和断线情况最为严重，220、500kV 输电线路次之。

输电线路在震灾中受损情况主要表现为杆塔受损、保坎受损，以及架空线和相关金具、绝缘子受损。

a. 杆塔受损如图 5-29 和图 5-30 所示。

图 5-29 塔材变形

图 5-30 主材变形

b. 基础、保坎受损如图 5-31 和图 5-32 所示。

图 5-31　基础塌陷

图 5-32　保坎垮塌

c. 架空线和相关金具、绝缘子受损如图 5-33 和图 5-34 所示。

图 5-33　南谭一线导线断股

图 5-34　500kV 紫景 7 号绝缘子偏斜

d. 此外，还有线路避雷器脱落、损坏、绝缘子损坏等受损情况。对输电线路受损情况作数据统计分析，可以发现，各个电压等级均为保坎受损、杆塔受损和基础受损三种受损类型占据整个受损量的 70% 以上，其中，220kV 和 110kV 输电线路基础受损占整个受损量的 48.36% 和 37%，而 500kV 输电线路保坎受损所占比例最大，达到了 31%，另外，架空线受损也占有一定的比例，分别达到了 9%，3.2% 和 7%。其他受损类型如线路避雷器脱落、损坏等所占的比例较小，如图 5-35 所示。

5.1.2　电网一次设备易损评估

当地震烈度为Ⅶ～Ⅷ度时，高压电气设备即被震损（折断、裂缝）破坏，而且比较严重。尤其是变电站内高压设备多为体形细高、阻尼比小，且呈脆性的瓷件作为绝缘套管或承重立柱，抗地震能力低。这是强震时造成电网解列、瘫痪的主要原因之一。

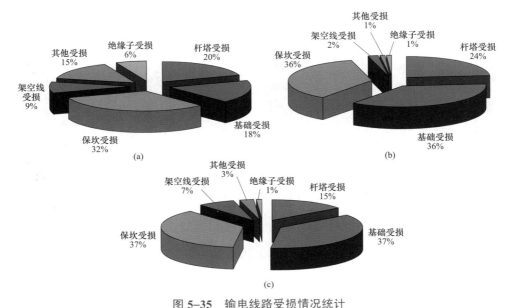

图 5-35 输电线路受损情况统计

（a）220kV 输电线路受损情况；（b）110kV 输电线路受损情况；（c）500kV 输电线路受损情况

国内外历次大地震中，高压电气设备被震断、震损的相当普遍，迫使发、供电中断，给国计民生和电力企业造成了重大损失，也给抗震救灾工作带来了严重困难。我国海城、唐山地震时，都发生过震后停电，造成钢厂钢水凝固于炉膛、厂矿竖窑无电、无水被烧坏报废等严重损失。从高压电气设备的震害实例可以看出，少油断路器、空气断路器等，其典型震害是支持瓷套折断，且折断处多在根部，也有少数是在总高度的大约 1/3 处折断的；高压避雷器中以普通阀型的震害最重，其典型震害是安装在底部的元件折断；高压隔离开关的典型震害是支柱绝缘子折断，折断处一般都在根部金属法兰与瓷件结合部位；对于水平开断式隔离开关，有的震开导电杆而断电，也有导电杆与主轴、底架之间焊接部位折断的；电压、电流互感器，带滚轮结构浮放在支架上的，其典型震害是从支架上跌落摔坏瓷件，拉断引线。此外，由于地震使电流互感器处于开路状态产生了高电压，短路后造成设备、线路被烧毁等次生灾害。

对于抗地震的对象多是针对大的建筑，如高楼大厦、楼堂馆所等，而在其他领域尤其是针对电力系统电气设备的抗地震却非常薄弱。由于近年来深刻认识到高压电器在抗地震方面的重要性，所以逐渐开始对高压电器的抗地震性能进行研究，而对变压器等重要设备抗地震性能进行研究更是处于起步阶段，目前还没有单独针对电气设备抗地震的计算方法。

一个结构的不同部位，在地震中的反应是有区别的。比如一个高层建筑，高楼层的人对地震的感觉比低楼层的人的感觉要明显。所以，要对一个物体的抗地震性能进行研究，必须对该物体中各部位的反应有所了解，找出薄弱点，并对其固有性能进行研究，才能得出结论。结构的地震反应决定于地震动和结构特性，特别是动力特性。因此，地震反应分析的水平也是随着人们对这两方面认识的深入而逐步提高的。现在的计算技术基本可以满足工程计算的要求。抗地震计算理论的数学方法主要有：① 静力法；② 反应谱法；③ 直接动力分析法。

以下就四川电网在四川汶川 8.0 级地震中易损性开展分析。

（1）地震烈度超过了建（构）筑物设防标准。四川汶川 8.0 级地震，最大烈度达到Ⅺ度，震源深度 19km。对四川电网等基础设施造成巨大的损失的主要原因是地震烈度超出了电力设施的设防烈度，地震作用时间长。此次地震震中最大烈度达到了Ⅺ度，而该地区电力设备的设防烈度为Ⅶ度。

变电站内的建构筑物设计和建造时都是按照一定的设防烈度来进行抗震设计的，其本身的抗震能力有限，在地震动加速度超过设防烈度时，变电站内的建构筑物就会发生破坏。

（2）变电设备的结构抗震水平决定了地震时的受损程度。排除地震本身的不可抗因素外，电力设施特别是电瓷型高压电气设备的结构特点也决定了其在地震中的脆弱性，是地震中的易损件。高压电气设备有以下结构特点：

1）变电站电力设备一般都有细长且为瓷质的套管，此种脆性材料更容易受地震力影响。

2）变电站的各种开关设备一般都是高架的，且支撑结构一般都是瓷质的，易在地震的作用下折断。

3）变电站内的许多设备都是"头重脚轻"，地震时易在根部折断。

（3）材料本身的特点决定了电瓷型高压电气设备的地震易损性。电瓷型高压电气设备的绝缘部分均由瓷套管组成，其震害特点大多是在瓷套管根部断裂。设备损坏的主要原因有：首先，陶瓷是脆性材料，抗弯性能很差，同时设备的结构形状特殊，不仅又细又长，而且上部质量较大，地震时瓷套管的根部承受很大的弯矩，使瓷套管承受巨大机械应力导致其发生断裂。尤其是在瓷套管与其他材料的连接处，应力过于集中加大了瓷套管的断裂和损坏；其次，这类设备的固有振动频率为 1～10Hz，与地震波频率相接近，同时这类设备阻尼值较小，其主体材料瓷柱属脆性材料，储能能力小，因此在地震中极易因类共振影响使设备遭受破坏。

（4）输电线路损坏主要由地震的次生灾害引起。输电线路一般由输电铁塔和输电线组成，输电铁塔多采用热轧等肢角钢制造，由螺栓组装。由于输电铁塔大部分材料由角钢构成，具有一定的延展性，因此由于地震产生的震动对塔身而言影响较小，主要的地震破坏力来自于地震引发的次生灾害，比如泥石流、滑坡等。而泥石流、滑坡等次生灾害可以直接造成杆塔塔身的倒塌或者保坎的破裂和损毁，并由于杆塔间的导线的相互牵扯使得破坏范围更大。

另外，由于地震引发的地质震动，使得塔身和塔材上的避雷器、金具、绝缘子等处于非等幅震动状态，从而还会导致绝缘子、金具等的相互碾压而造成损坏，还会导致避雷器脱落等其他故障的发生。

地震对输电线路的破坏主要是由于铁塔和长距离的线路为非统一介质个体，在地震力的影响下，其产生的振幅和受力状态极不均匀。目前，针对输电线路防震隔震的技术措施的研究还处于起步阶段，如何有效防震还有待深入研究。

（5）变压器（高压电抗器）受损因素分析。由于变压器主体设计时考虑了能承受短路机械力和运输时的冲击（3g）等，所以刚性高，对于地震波来说，可作刚性体对待，而且在强度方面没有问题。在此次地震中，虽然有些变压器发生了严重位移，甚至从水泥基座上倾倒下来，但内部结构未遭到损坏，电气性能也未明显下降。在变压器上，对地震波来说，最易受到损坏的主要是使用脆性材料的变压器套管。四川汶川 8.0 级地震中，变压器受损最严重的是变压器套管；其次是部分变压器本体发生位移、倾覆。

套管受损共 80 台次，占受损总量的 57%，其中大部分是套管瓷套与法兰之间错位，以及套管法兰处裂缝和套管瓷套裂缝。

110kV 及以上电压等级的套管其结构有两种：一种为中间夹持方式套管（又称压紧式套管），一种为法兰式套管（又称卡入式套管）。这两种结构的套管在电气性能上没有区别，而在机械强度方面，法兰式套管的抗震性能比中间夹持方式套管要好。中间夹持套管在地震波的作用下，容易从根部发生瓷套与法兰错位，地震中受损的 110kV 及以上电压等级套管大部分为中间夹持方式套管，这种方式的套管与地震波会产生共振，会增加过大的力矩，若在下端部发生开口，夹持套管的紧固力就会集中到瓷套的压缩侧下端部，在瓷套下侧面会部分产生很高的拉伸应力，从这部分起有时会发生破坏。法兰式套管的瓷套抗震强度，由瓷套埋入法兰根部的弯曲破坏强度决定，破坏形式主要是法兰破裂、裂纹以及套管从法兰根部发生断裂，如茂县 500kV 变电站 1 号主变压器，地震中受损的 500kV 变压器套管主要为法兰式套管。影响套管振动特性的重要因素，有固有频率，加速度响应倍数等。地震频率一般为 1～10Hz，很多套管的固有频率在这个范围，特别是超高压系统，套管的固有频率大部分在这个范围，所以比较容易与地震波发生共振。

变压器套管的抗震性能与安装方式也有密切的关系，变压器套管的安装方式有直立式和斜立式，受损套管以斜立式安装居多，位移程度也更大，斜式安装的变压器套管不仅要受到地震波水平加速度的作用，还要受到垂直加速度的作用。

35kV 及 10kV 套管多为纯瓷套管，分为法兰式和卡入式两种，法兰式套管为瓷套与法兰连接，法兰与本体由紧固螺栓连接，卡入式套管为瓷套与变压器本体直接用紧固螺栓连接。这两种结构的套管在机械强度上是一样的，根据不同的电气性能的要求选择不同的套管。低压套管由于瓷套很短，所以受地震波影响没有高压套管大。变压器低压套管与母线连接方式为硬连接，在低压套管与母线第一个支柱绝缘子之间设有软连接（伸缩节），但部分变压器软连接（伸缩节）安装错误，安装在母线支柱瓷瓶之间造成变压器低压套管与母线为刚性连接，无任何变形裕度，当变压器发生位移时，低压套管受到母线与变压器本体之间的拉伸力作用，会发生破裂。有的变压器低压套管与母线第一个支柱瓷瓶之间虽软连接安装正确，但因伸缩节一般都使用的 U 形连接，位移裕度不够，也容易因变压器本体移位过大导致套管受到牵扯力而破裂。

此次地震中变压器的另一个主要受损现象为本体位移，变压器本体发生位移共 33 台次，占总数的 23%。变压器本体位移与变压器地基条件、变压器基础安装形式有关系。

变压器本体的固有频率高，它本身大部分零部件的固有频率在 15Hz 以上属于高的刚性结构，同地震共振的可能性极小。另外，在设计变压器时，要求变压器在短路电动力及运输过程时的外力作用下有足够的刚性及强度，对地震力也应具有足够的强度。但是，在安装状态下必须考虑因地基—基础系统影响引起的同步振动。标准地基条件 v_s（地震横波的传播速度）在 150m/s 以上的地基。如果地基是软质地基又未进行处理，将会与地震波发生共振，从而导致地基下沉，使变压器发生倾斜。

变压器基础安装形式有 2 种，即轨道式和预埋钢板式。轨道式安装为变压器安装在轨道上，用紧固螺栓固定，预埋钢板式为地基上安装水泥基座，变压器与基座钢板焊接固定。现在主要采用的是预埋钢板式。此次地震中，两种安装形式的变压器都有发生位移，轨道式安装的变压器地震波主要作用在紧固螺栓上，若紧固螺栓上承受的拉伸力超过了设计强度，则会导致断裂而使变压器发生位移。预埋钢板式靠焊接固定，若焊接不牢也容易发生位移。主变压器本体位移可能导致高压套管损坏、引流线断裂、低压套管拉裂、低压母线扭曲变形、接地引下线拉裂等，位移严重的变压器还会从水泥基座上倾倒下来，可能造成内部的绕组变形。

变压器其他受损情况包括附件（如散热器、油泵等）与本体之间出现裂纹导致漏油，引流线断裂，油枕至高压侧套管升高座油管断裂等。

国内外高压电气设备易损性统计回归方程及系数见表 5–12，四川汶川 8.0级地震变压器在不同烈度下易损性分析回归曲线如图 5–36 所示。

表 5–12　　　　　　　国内外高压电气设备易损性统计回归方程及系数

回归方程	$P = C_1 C_2 C_3 (a + b_1 I + b_2 I^2 + b_3 I^3)$						
设备类型	缺省值			回归系数			
	C_1	C_2	C_3	a	b_1	b_2	b_3
变压器	1	1	1	2.74	−1.03	0.12	0
断路器	1	1	1	0.08	0.13	−0.05	0
隔离开关	1	1	1	5.44	−1.93	0.21	−0.01
互感器	1	1	1	−7.27	2.99	−0.41	0.02
避雷器	1	1	1	3.74	−1.29	0.14	0

注　影响因子 C_1，C_2，C_3 分别代表安装固定方式、安装设防烈度、场地条件的影响。

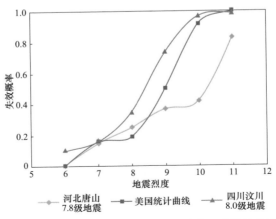

图 5–36　四川汶川 8.0 级地震变压器在不同烈度下易损性分析回归曲线

5.1.3 灾后现场试验

灾情发生后，电力公司迅速组织各级技术抢险突击队前往各受灾变电站、线路进行抢修、恢复，积极投身到灾区恢复供电的工作中。在受地震灾害损坏的变电站内，试验工作人员展开了现场试验，用以检验设备的完好性，现场试验包括：受损变压器的绕组变形试验、直流电阻、绝缘电阻试验、油化试验、变电站地网接地电阻试验、一次设备接地引下线导通测试试验、互感器介质损耗及电容量测试试验、开关特性试验、避雷器试验、支柱超声波探伤、红外测温、紫外电晕检测等。

（1）变压器相关试验。针对受损变压器主要开展如下试验：绕组变形试验，主要检查变压器本体内部高中低线圈是否有移位、变形；直流电阻试验，针对运行档位及相邻档位检查；铁心和夹件的绝缘电阻试验；油化试验，检查油色谱，判断变压器内部是否存在过热性或放电性故障。对存在油渗漏的变压器要做油简化试验，包括耐压和微水试验。

从现场检查结果发现：震区内受损变压器本体内部绕组未发现变形迹象，从试验检查情况看，仍有个别变压器受地震恶劣影响而发生铁心对地绝缘电阻下降或铁心多点接地。

（2）变电站地网试验。针对地震对变电站地网造成损坏的可能性，四川电力公司组织四川电力试验研究院对震区受灾严重的变电站进行地网及电气设备接地引下线导通试验，地网试验结果与原历史数据相比无异常；电气设备接地引下线导通测试针对主变压器所有接地引下线、断路器、互感器、隔离开关、支柱绝缘子等重要设备引下线，只有某一变电站的一相110kV避雷器及一相110kV隔离开关的接地引下线测试接地电阻高于 50mΩ（经过现场研究分析，认为与地震的破坏无关）。试验地区包括了受地震破坏影响严重的什邡、绵竹、安县等地，这些变电站所处地理位置地质没有发生地裂和明显沉降。因此，对于地质结构未发生地裂和明显沉降的变电站接地网，地震对其接地装置的破坏不明显。

（3）互感器试验。除所有变电站内外观检查受损的互感器需要更换外，目前针对其他恢复运行的互感器开展了常规试验，包括介质损耗试验与电容量测试等试验项目，并与原始数据进行比对，试验结果正常。试验结果说明，在地震中外观没有受损的互感器电气性能良好，能够通过相关电气试验。

（4）开关试验。针对开关主要开展：① 机械时间特性试验，分、合闸时间，同期性：检查开关的分合闸性能，触头在地震中是否受损，影响开断性能；② 回路电阻试验：测量断路器的回路阻值，判断开关触头震后是否接触良好；③ 绝缘电阻试验：测量对地主绝缘的绝缘电阻值，判断对地是否绝缘良好；④ 开关设备机械操动试验：判断断路器、隔离开关是否能够良好运行，开关类设备震后能否恢复；⑤ 油断路器的介质损耗试验：判断油断路器是否受潮、油质劣化等问题，判断油断路器的整体绝缘性能。

现场针对受损变电站内的开关类设备展开了上述试验项目，试验结果说明除了明显外观受损的开关类设备必须更换外，仍然有少数外观检查没有明显损伤的断路器和隔离开关不能通过上述部分试验，电气性能受到了明显的影响。如茂县 500kV 变电站中 1 台 35kV 隔离开关无法实施电动操作，手动操作正常。

（5）避雷器试验。针对震后变电站内避雷器开展了 U_{1mA} 和 $175\%U_{1mA}$ 试验，大量站内避雷器试验结果表明，仍然存在部分经过外观检查没有发现明显问题（如：断裂、瓷套破损、漏油等）的避雷器，经过电气试验结果不正常，不能再次投运，必须更换。

（6）超声波探伤、红外测温、紫外电晕检测试验。在地震危害严重的德阳和绵阳共 9 个变电站针对支柱瓷绝缘子开展了超声波探伤检测工作，检测结果见表 5-13。从检测结果发现部分地震烈度较大地区震后恢复运行的变电站还存在着一些重要隐患，需要通过各种手段进行排查。

同时在部分变电站开展的红外测温与紫外电晕检测试验结果表明，通过这两种试验手段检测，受检设备包括主变压器套管，引流线，隔离开关触头，断路器接头等，并未出现运行温度过高和电晕异常的情况，震后恢复运行的变电设备绝缘状态良好。

表 5-13　　　　　　　　检 测 结 果 统 计 表

序号	变电站名	受检绝缘子支数	合格支数	不合格支数	受检合格率（%）	检验日期
1	220kV X 变电站	12	11	1	91.66	2008 年 5 月 16 日
2	220kV W 变电站	14	14	0	100	2008 年 5 月 18 日
3	220kV T 变电站	9	9	0	100	2008 年 5 月 18 日
4	220kV A 变电站	8	3	5	37.5	2008 年 5 月 21 日
5	110kV M 变电站	6	5	1	83.33	2008 年 5 月 29 日
6	220kV WL 变电站	3	3	0	100	2008 年 6 月 4 日
7	220kV G 变电站	3	3	0	100	2008 年 6 月 4 日
8	110kV L 变电站	84	34	54	40.47	2008 年 6 月 5 日
9	500kV M 变电站	241	196	45	81.33	2008 年 6 月 29 日
	合计	380	278	106	73.16	

5.1.4 震区电力建设和电气设备运行建议

此处针对四川汶川 8.0 级地震中四川电网电力设备设施受损情况所开展的深入调查，对地震中受损设备开展易损性分析。通过调研和研究，针对地震灾区电力建设和电气设备运行提出以下建议：

（1）处于地震带上新站设备的选型和老站设备的更换都应认真考虑设备的抗震设计水平。设备外瓷套宜采用高强瓷材料，或选用硅橡胶外套，从而避免瓷套脆断导致的设备损坏；宜选用高强瓷支柱绝缘子和绝缘套管为绝缘支柱的电气设备；宜选用设备重心低、顶部重量轻等有利于电气设备抗震的结构，如储气罐式 SF_6 断路器、HGIS、GIS 等。

35kV 及以上等级的配电装置，优先选用户外、软母线、中型配电装置。位于地震断裂带上的 220kV 及以上电压等级不建议采用棒式支柱绝缘子支持的管型母线配电装置。采用管型母线配电装置时，铝管型母线宜采用悬吊式。

（2）针对电气设备种类多、形式多样的特点，不能统一评估其抗震可靠性，须对不同类型的设备分别考虑其抗震可靠性。

1）具有瓷套管类的电气设备，包括各种断路器、电流互感器和电压互感器、电抗器等，应尽可能提高瓷套管的强度，如采用高强瓷等。对变压器、开关等大型设备要加强对其瓷套质量的检查，确保设备本体与基础的可靠连接。建立瓷件设备的抽检机制，随机抽取一定比例的瓷件进行地震台模拟试验，保证所使用的瓷件具有与设计相同的抗震能力。

2）具有支柱的细长类型高压电气设备，如高压隔离开关、支柱绝缘子等，由于其阻尼比较小，动力放大系数很大，自振频率与一般场地地震波的主频率比较接近，在地震下容易发生共振。对于这类电气设备，可采用减震器或阻尼器，改变设备体系的频率和阻尼比，从而降低设备的地震反应。

3）对于浮放设备，如开关柜、蓄电池等，应加强设备本体与基础的连接，或设置必要的拉绳，以防止这些设备在地震中发生滑移、倾倒等震害。

4）加强电气设备与支撑柱的连接。目前电气设备的连接大多数是采用法兰螺栓连接，提高这些连接的可靠性，是保证电气设备整体抗震可靠性的重要环节。

5）重视变电站内电气设备基础与设备支架的抗震设计，并通过地震台试验对抽样设备进行 1:1 试验模拟验证。

（3）提高变电站接线方式的抗震可靠性。高压变电站电气主接线系统主要有 4 大类型：即单母线、双母线、双母线带旁母以及 3/2 断路器接线。对于这 4

类电气主线系统，其主要高压电气设备一般基本上是相同的，但由于接线形式的不同，抗震可靠性也有所差别。通过有关研究表明，在这4种电气主接线形式中，3/2断路器主接线形式抗震可靠性略好于双母线带旁母的，而双母线带旁母主接线形式要好于双母线形式，单母线形式为最差。因此，如果电气设备和场地条件许可，应优先考虑采用 3/2 的主接线形式，以提高接线方式的抗震可靠性。地震烈度为Ⅷ度及以上的地区不宜采用支持管型母线。

（4）提高电网的抗震可靠性。电力系统网络通常是由电源点（节点）、输电线路、变电站（汇点）等组成的大型网络。在这些元件中，节点和汇点对地震作用具有较强的敏感性，输电线路的地震易损性相比较小些。因此，应针对电力系统各个环节，尤其是主要环节，进行地震易损性分析，找出影响系统可靠性的主要因素，从而对电力系统进行优化设计和抗震分析。还需要从系统工程的角度思考风险防控的措施。

（5）采用变压器抗震措施。

1）110kV 及以上变压器套管可采用法兰式（卡入式）套管，套管宜采用高强瓷，或使用复合绝缘套管提高抗震能力。

2）在满足绝缘要求的条件下，套管可采用直立式安装。

3）在低压侧套管与第一个支柱绝缘子之间的母线上可使用"S"形软连接，以增加低压套管的位移裕度。

4）在变压器与基座之间可使用防振胶垫。

5）对于土质较松软的地基，可采用打桩基础或改良地基的方法，同时基础宽度可适当加宽。

6）抗震设防烈度为Ⅷ度及以上时应在满足安全距离及场强等要求的基础上合理降低设备安装高度，并抗等设备宜采用低式布置。

7）抗震设防烈度为Ⅶ度及以上时，变压器与基础连接宜采用焊接或加强螺栓连接，避免滚动连接的安装方式。

5.2 震后设备快速普查与修复

按照 GB/T 24366—2009《生命线工程地震破坏等级划分》破坏等级划分，将设备破坏等级如下：

（1）基本完好。设备宏观无震害，能正常使用。

（2）轻微损坏。设备须经简单处理即可恢复其功能。

（3）中等损坏。设备需要修理方可恢复其功能。

（4）严重损坏。设备需要经大修方可恢复其功能。

（5）破坏。设备已失去修理价值，必须更换。

从结构工程的角度分类，震后变（配）电站设备单体设备的完好程度，决定整个变电站的功能发挥程度。以生命线工程的要求，在罕遇破坏性地震发生后，在第一时间内如何高效、快速、准确地评估和把握电力系统的破坏程度，及时展开可能的快速修复工作，对于恢复电力供应的中断、支撑抗震救灾的顺利进行具有重要意义。

变电站设备的地震作用损坏也分为显性破坏和隐形破坏两种。对于显性的破坏，俗称"外伤"，通过肉眼观察就可得到结果，多属于"严重破坏"或者"破坏"的等级，此时的变电站多处于整体功能失效状态，一般情况下全站失电，即设备是不带电的。而隐形的破坏，可能使变电站设备处于严重的危险状态，但设备仍在继续坚持运行，即受了"内伤"但设备仍带电。设备隐患的类型有支柱绝缘子裂纹、GIS 漏气、隔离开关接触不良等。这些隐患对变电站设备的安全运行带来极大的威胁，也影响电网恢复重建的决策。

5.2.1　绝缘子

电晕放电是一种局部化的放电现象，当带电体的局部电压应力超过临界值时，会使空气游离而产生电晕放电现象。

由于变电站设备表面粗糙存在毛刺、结构缺陷以及污秽等原因，会造成运行中电场集中、电荷密度过大而发生电晕等放电现象。电晕放电会产生能量损耗，造成无线电干扰，以及在空气中产生化学反应，引起有机绝缘老化等危害，而且电气设备如果出现较为强烈的电晕或电弧放电现象，再加上恶劣的外部环境影响，极有可能发生闪络引起绝缘事故。

电气设备发生电晕放电时，其周围空气将发生电离，在电离过程中，空气分子中的电子不断地从电场中获得能量，当电子从激励态轨道返回原来的稳态电子轨道时，就会以电晕、火花放电等形式释放出能量。气体电离后辐射光波的频率与气体种类有关，空气中的主要成分是氮气（N_2），而氮气的光谱大部分处于紫外光区域内，即波长范围在 280～400nm。所以通过检测紫外光能够判断电气设备电晕放电的实际状况。

根据产生放电的不同机理，可将设备放电情况主要分为以下三类：

（1）设备均压环或者导线存在毛刺，运行中电场集中、电荷密度过大造成的尖端放电；

（2）因设备结构问题导致电场不均匀造成的放电，此类缺陷主要是隔离开关触指处；

（3）因设备问题造成的异常放电、因污秽或其他缺陷造成的绝缘子放电等。绝缘部分的放电相对于导电体的电晕放电来说，对电力安全运行的危害更加严重。

通过高通透性紫外线镜头，在镜头成像面上防治专门的成像板（光电阴极），使紫外光成像于此；其释放出的电子通过高压静电场加速，轰击荧光阳极面，形成人眼可见的荧光图像。夜视型紫外光检测技术原理如图 5-37 所示，夜视型紫外光检测仪如图 5-38 所示。

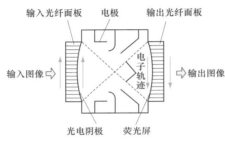

图 5-37　夜视型紫外光检测技术原理

图 5-38　夜视型紫外光检测仪

图 5-39　220kV 支柱绝缘子电晕
放电紫外影像

图 5-39 为 220kV 支柱绝缘子电晕放电紫外影像，图中支柱绝缘子顶部共有 5 个亮点，位于上方的 4 个亮点所指示的是螺栓或金属的尖端放电，不是设备缺陷。但图 5-39 中圆圈所示位置的放电是绝缘子表面有凹痕而造成的缺陷。要判定紫外光斑出现在某个位置是否正常，就需要对设备绝缘结构和正常运行条件下电位分布有一个正确的认识，才能根据紫外检测图像做出判断。

基于紫外光斑亮度的判定方法。当电压超过起始放电电压时，紫外光强度同电压的五次方成正比。因此完全可以根据紫外光斑亮度来判定电晕放电活动强度。检出示例如图 5-40 所示。在相同的紫外检测条件下，对比发现就可以判断出图 5-40（b）的紫外光斑更加明显，可以判断出该支柱绝缘子与端部金具之间裂纹比图 5-40（a）更加严重。

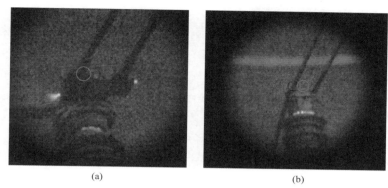

图 5-40　220kV 支柱绝缘子裂纹检出示例

（a）示例 1；（b）示例 2

基于紫外光斑形状的判定方法。紫外光斑的形状主要用于帮助判定绝缘缺陷的类别，如裂纹、污秽等。图 5-41 所示为隔离开关绝缘子伞裙裂纹检出示例，可见其与端部金具之间有一条线状亮斑，可判断为此亮斑处存在微小裂纹。图 5-42 中支柱绝缘子上的紫外光斑为线状亮斑，表明紫外亮斑处存在裂纹。图 5-43 中的避雷器瓷套都有放电现象，而且形状的分布较广且不规则，可以判定为污秽造成的电晕放电。

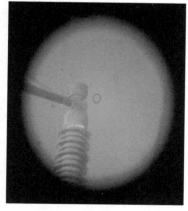

图 5-41　隔离开关绝缘子伞裙裂纹检出示例

图 5-42　支柱绝缘子裂纹检出示例

图 5-43　220kV 避雷器污秽检出示例

5.2.2　SF$_6$气体

SF$_6$气体的泄漏作为气体绝缘金属封闭开关设备（Gas Insulated Switchgear，GIS）运行过程中的常见缺陷之一，SF$_6$气体泄漏会导致绝缘介质的减少，严重降低设备的绝缘和灭弧能力，给设备的安全运行造成极大的威胁。在突发大地震情况下，很容易造成 GIS 中气体的泄漏，SF$_6$气体泄漏检测工作可以有效检测 GIS 密封状态。早期对于 SF$_6$气体的检漏主要采用皂水查漏、包扎法、手持检漏仪等检测方法，但早期的方法应用时设备都需要停电进行，不能满足突发大地震时的应急抢险要求。随着现代带电检测技术的不断发展，SF$_6$气体成像检漏技术已经逐步应用到 SF$_6$气体的检漏工作中，从而在不停电情况下，实时直观地发现电气设备中的泄漏状况，准确判断 SF$_6$气体泄漏源。目前能够有效用于 SF$_6$气体检漏的成像检漏技术主要有两种：红外成像检漏与激光检漏。利用 SF$_6$气体红外特性的红外成像检漏法在设备带电情况下，相对较远距离就能发现泄漏的具体部位，精度高，检测结果非常直观，极大提高了检测效率，同时也保证了人员的安全。

红外成像检漏主要指 SF$_6$气体泄漏处会向外辐射红外线能量，并对周围环境产生影响，当应用红外热像仪进行大范围拍摄时，根据 SF$_6$气体与空气的红外影像不同的特性，就可以寻找到泄漏源。激光检漏是指运用 SF$_6$气体对长波红外线有很强吸收能力的特性，采用后向散光成像对气体进行成像。当检测区域存在 SF$_6$气体泄漏时，由于 SF$_6$气体对红外光线具有强烈吸收作用，所以此时反射到检测设备的红外能量会急剧地减弱，SF$_6$气体在显示设备上显示为黑色烟，并且随着气体浓度变化，黑度也不同。在这种方式下，SF$_6$气体泄漏源就可以快速、准确确定。激光检漏技术原理图如图 5-44 所示。

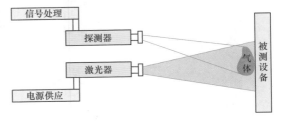

图 5-44　激光检漏技术原理图

激光成像检漏在现场应用时，主要是针对高压电气设备密封较为薄弱处进行检测。比如高压设备的密封面、焊接面、法兰面、SF$_6$气体管道连接处、SF$_6$气体密度表连接处以及充气口等部位。

根据在变电站现场的实际检测应用，结合带电测试的安全要求，同时综合现有设备充气量等诸多方面因素，可视化泄漏速率模板视频图像在 0、1、2、3 级风力，测试距离分别为 3、5、8、15m 的环境下均按 1、2、3.05、5.55、8.33、11.11、13.89、20.83、27.77、41.66、55.55μL/s 制作了系列模板。在可视化泄漏速率模板的视频中对微小的气体流动也能观察，但视频截图呈静态，细微气体流动无法表现，故有意拉大了视频截图中各泄漏速率阶梯差距，以表明各泄漏速率的差别。图 5−45 所示为无风，测试距离 5m 时的模板视频截图，图 5−45（a）的泄漏速率为 11.11μL/s。图 5−45（b）的泄漏速率为 13.89μL/s。图 5−45（c）的泄漏速率为 55.55μL/s。

同时通过 SF_6 气体泄漏成像检测分析管理软件分析系统内嵌了激光检测 SF_6 泄漏速率，泄漏速率的确定需要多模板与被测设备泄漏视频进行同时比对，确定泄漏速率后，再根据被测气室充装气体的质量（重量），判断 SF_6 设备内部气体含量的变化程度，以便对 SF_6 设备内部绝缘状况进行分析，做出正确的评价和评估。被测设备视频与模板视频比对分析界面如图 5−46 所示，SF_6 气体泄漏红外成像系统如图 5−47 所示。

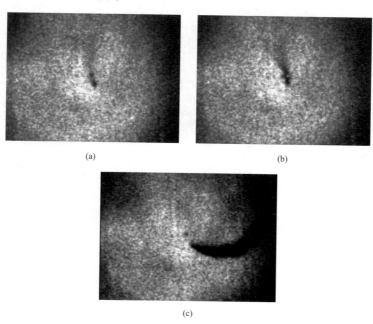

图 5−45　模板视频截图
（a）模板视频截图 1；（b）模板视频截图 2；（c）模板视频截图 3

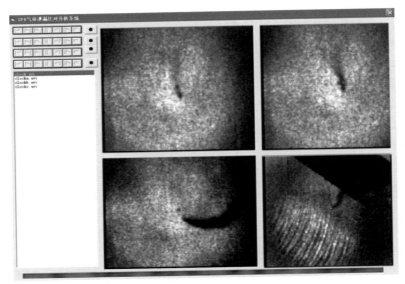

图 5-46　被测设备视频与模板视频比对分析界面

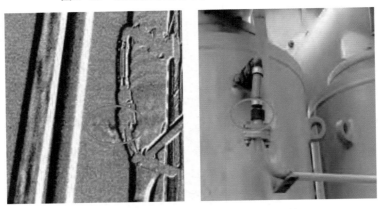

(a)　　　　　　　　　　　　(b)

图 5-47　SF₆ 气体泄漏红外成像系统

（a）SF$_6$ 气体泄漏红外成像图片；（b）SF$_6$ 气体泄漏可见光图片

5.2.3　支柱绝缘子

　　支柱绝缘子是发电厂和变电站的重要组成设备，大量应用于电力系统中的瓷支柱绝缘子起着支撑导线、断路器和高压开关的作用。突发大地震会导致绝缘子遭受机械应力，机械性能会下降、劣化，最终造成脆断，如果不及时发现，在绝缘子运行及操作过程中就可能导致断裂，从而引发突发性的地震次生电力事故，影响震后救援工作，甚至造成附近工作人员的伤亡和巨大的经济损失。

支柱绝缘子超声波检测利用超声换能器发出一束超声波信号，穿过瓷件表面在被检测部位沿特定方向传播，在瓷件内部发生穿透、折射、反射、衰减等物理现象，部分带有被检测瓷件特征信息的超声信号返回信号注入点并被超声换能器接收，从而实现支柱绝缘子的缺陷检测。

超声波检测法。通过超声波的传播性能，来检测材料中是否存在缺陷，一旦绝缘子存在缺陷，超声波进入或穿过绝缘子时，就会在缺陷处发生反、折射和模式变换，通过对接收到的超声波进行处理和研判，可望检测出劣质绝缘子。支柱瓷绝缘子超声检测中最常用的是小角度纵波法和爬波法，根据其原理又都属于脉冲反射法中的缺陷回波法，缺陷回波法的原理如图 5-48（a）所示。当试件完好时，超声波可顺利传播到达底面，探伤图形中只有表面发射脉冲 T 及底面回波 B 两个信号，如图 5-48（b）所示；若试件中存在缺陷，在探伤图形中，底面回波前有表示缺陷的回波 F 如图 5-48（c）所示。

支柱瓷绝缘子超声检测采用小角度纵波或表面爬波的方式，通过对绝缘子瓷件与法兰连接处薄弱环节径向环绕扫查，能够有效发现绝缘子表面的、夹层、夹渣、气孔等局部缺陷，见表 5-14。

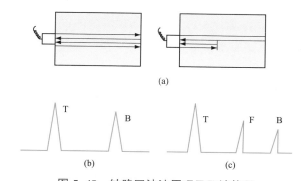

图 5-48　缺陷回波法原理及回波信号

（a）缺陷回波法原理图；（b）完好试件回波信号；（c）缺陷试件回波信号

表 5-14　　　　　　　支柱绝缘子超声检测技术与缺陷类型的关系

缺陷类型	爬波检测能力	小角度纵波检测能力
裂纹	可发现表面裂纹	可发现表面及内部裂纹
夹层	不能发现瓷件内部缺陷	可发现内部夹层缺陷
夹渣	不能发现瓷件内部缺陷	可发现内部夹渣缺陷
气孔	不能发现瓷件内部缺陷	可发现内部气孔缺陷

图5-49 支柱绝缘子绝缘缺陷带电
检测现场作业示意图

红外成像法。是通过检测热效应，来判断绝缘子是否存在缺陷，在这方面，国网江苏省电力公司、华北电力大学等单位曾将其应用到绝缘子缺陷检测中，并取得了一定成效，但该方法受环境影响较大，且对许多瓷质支柱绝缘子的缺陷而言，其热效应并不明显，从而使该方法推广使用，受到一定的限制。

紫外成像法。是通过检测紫外线信号来探测放电位置，进而检测绝缘子缺陷的。该方法可以通过观测放电点的紫外成像，对绝缘子表面缺陷进行初步的直接定位。

支柱绝缘子绝缘缺陷带电检测见图5-49。

电工瓷制件乃是混成的材质，主要由分布在玻璃状基体里的石英粒子组成。制造绝缘子的过程中，这些粒子承受着拉伸应力的作用，拉应力来源于在瓷制品煅烧后冷却过程中两种材料不同的线性膨胀系数。在应力的作用下，在石英粒子、玻璃状基体中以及它们的边界上滋生出微裂纹，这一过程，在某种程度上也出现在优质的瓷件上。

绝缘子的振动在大多数情况下出现在驻波频率上；绝缘子底部法兰的振动，当向其加动态力（非运动力）载荷时，该振动包含绝缘子动态特性的完整信息，与此同时，绝缘子底部法兰区域有缺陷（裂纹）时，导致出现低于基础频率的频率分量，而在上部法兰区域有缺陷（裂纹）时导致出现高于基础频率的频率分量。

按照机械振动的基础原理，通过瓷支柱绝缘对激励振动的时域及频域响应特征进行检测及分析总结，探寻可快速分析判断在运瓷支柱绝缘子缺陷、机械强度下降的方法和检测工艺。初步取得一系列健康和非健康的瓷支柱绝缘的典型频谱，特别是实际取得单支上法兰和双支、三支串联时上下法兰处缺陷典型频谱。依据典型图谱进行对比分析，以判断在运瓷支柱绝缘的健康状况。避免由于瓷支柱绝缘子断裂，导致的电力事故的发生，为电力系统的安全稳定运行提供可靠保障。

5.2.4 电力电缆

由于电力电缆的线条型柔性结构，加之大多铺设在地面或者地下通道，设备重心低、动力放大系数小，自身抗震性能极为优越，所以电缆在地震作用下本身不容易受到地震波作用破坏。工程建设设计要求一般考虑电力电缆设防标准参照电力设施地震烈度设防考虑。

但是由于电缆敷设环境有直埋、沟槽、排管、沟道、桥架等多种方式，在突发破坏性大地震通常会导致电缆通道塌陷或者错位，地下的电缆容易被地裂拉坏，造成电缆外护套破损甚至内绝缘破坏，产生严重的安全隐患；地面的电缆电线杆连接的电缆终端，容易被建筑物倒塌破坏，或因电杆拉扯倒塌导致终端受损；电力电缆中间接头，是电力电缆的结构薄弱环节，受到拉伸、挤压、摩擦等地震作用，仍会产生结构受损和绝缘受损。而电力电缆的维修一般采用停电修复更换方式，修复时间受备品备件、施工条件等制约，造成的停电时间较长。针对突发破坏性地震中高压电缆受损特点，电力电缆快速修复解决电缆外护套破损修复（见图 5-50）、电力电缆中间接头修复。实例如图 5-51 所示。

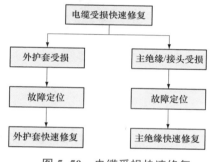

图 5-50　电缆受损快速修复

图 5-51　通道坍塌导致电缆中间接头及外护套受损实例

（1）高压电缆护套破损修复（见图 5-52）。突发破坏性地震时，电缆在通道内受到挤压、拉伸、摩擦，最先受到影响的是电缆的护套，高压单芯电缆外护套一旦破损，一方面会使电缆外护套形成接地回路产生环流，从而使电缆外护套发热，降低电缆输送容量；另一方面持续的放电使铝套受到电化腐蚀，破损处空气及水分进入绝缘，使主绝缘产生水树老化的概率增加，易产生局部放电和引发电树枝，对电缆的运行安全造成威胁，严重影响电缆寿命。

由于高压电缆结构的特点，其外护套故障可用高压电桥法（简称电桥法）来进行预定位。首先要确定是低电阻还是高电阻接地故障，一般接地电阻在100kΩ 以下为低电阻接地故障，100kΩ 以上为高电阻接地故障。针对高电阻接地故障，通常的解决办法是烧穿故障，使其呈低电阻状态。高压电缆外护套故障点查找定位后，在确定已经充分放电并可靠接地后，方可进行故障点修复处理工作。工作流程如下：

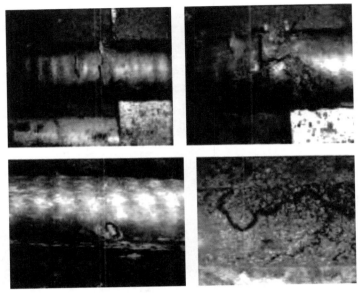

图 5-52 高压电缆护套破损修复

1）将故障点处电缆挖掘出来，清理外表杂物并将电缆故障点处架高。

2）检查故障点处金属护套是否有损伤，若已损伤到主绝缘，需要解剖评估受损程度，一般要做中间接头。若无损伤进行下一步修复。

3）根据受损程度，用丙酮（或酒精）将故障点（一般不得小于 3cm² 范围）导电涂层（或挤包半导电层）擦洗干净，或用薄的玻璃条刮除半导电层，确保修补点周围没有残留的半导电层。

4）截取一块外护套料（需去除外部的半导电层和内层的沥青）填补在破损处，用热风枪对其加热使其完全热熔于破损的外护套中，恢复电缆外护层的绝缘性能。截取的护套材料应与原材料一样，并保证其清洁、干净，大小视护层破损情况而定。

5）用绝缘自黏带（J-20 以上等级）缠绕 3 层并搭接到外护套 10cm 以上，以增强和保证绝缘的可靠性。

6）用质量较好的防水带半搭接缠绕 3 层在绝缘带层上，并覆盖到电缆外护套 20cm 以上，以保持足够的防水绝缘要求。

7）用聚氯乙烯（PVC）胶带半搭接缠绕 3 层在防水带层上，以保证防水带不受外界腐蚀。

8）如故障点处长期浸泡在水中，应再增加一项防水措施，即在上述处理段上环浇一层环氧树脂层。

（2）高压电缆中间接头受损快速修复。通常情况下，电缆主绝缘破坏后，可将破损处截断，选择适当的电缆接头重新将其连接，该方法可以杜绝二次故障，但是耗时长、需要大量的人、财、物力；在突发破坏性地震情况下，需要快速恢复电力以确保抗震救灾的顺利进行。通过多年的时间研发出高压电缆快速修复技术，该技术采用新型高分子化学材料修补受损高压电缆，大幅缩短了停电时间，为抗灾抢险工作提供了支持。

针对 XLPE 电力电缆绝缘本体受损或者接头绝缘受损，应用一种新型有机无机修复液，通过压力注入的方式，渗透至电缆受损区，生成胶状物填充缺陷空洞，快速恢复供电。在硅氧烷、无水异丙醇、催化剂金属钛等基础修复液成分中新增加了钛酸四异丁酯、钛酸四异丙酯、正硅酸甲酯、硅酸乙酯等添加物，使修复液与水反应后，不但能反应生成有机高分子聚合物，还能生成纳米级无机氧化物颗粒，如 TiO_2、Al_2O_3、MgO、ZnO、CrO、SnO 等。这些无机金属氧化物具有优良的电气性能，同有机聚合物按一定比例混合能抑制空间电荷、均匀电场、减少局部放电，提升击穿场强，提高热传导能力，形成电子和紫外线屏障，提高聚合物耐电晕老化寿命，提升绝缘耐击穿水平。经修复后，可将电缆击穿强度提高 35%以上，并可显著提高其耐局部放电能力。

该新型修复液生成物具有更高的分子结构和稳定性，不易从绝缘中扩散出来，同时加强了生成物和有机物界面间的粘连性，使生成物不易流失。界面极化和空间电荷积累已经得到了很大改善，可以有效提升老化电缆绝缘水平、延长电缆使用寿命。

现场修复系统，具有稳定、可靠、可用于不同规格不同长度电缆的特点。新型修复液注入方法，用金属套筒将注入装置与电缆铜鼻子头相连，连接处由热熔胶、热缩管和金属铁箍密封，修复液从铜鼻子头与缆芯间的缝隙注入，并在电缆缆芯中通入大电流以感应加热修复液。该方法易于现场实施、耗时短，不对电缆接头造成任何损伤，最大注入气压可达 0.6MPa，可加快修复液的注通和渗透，显著缩短停电时间。该现场修复系统极大地减少现场修复时间，避免了装置对电缆的二次损伤，解决了修复液的现场应用难题。优化适配器成本低、安装快捷，避免对电缆接头造成损伤，增强密闭性，实现修复液的压力注入。开发的成套装置和修复液及其技术成本低，远低于更换一根新电缆产生的费用，电缆截面越大，经济效益越明显。采用大电流感应加热修复液，加快修复液的注通和渗透，减少修复时间，实现快速供电。电缆修复注入装置及适配器如图5-53所示。

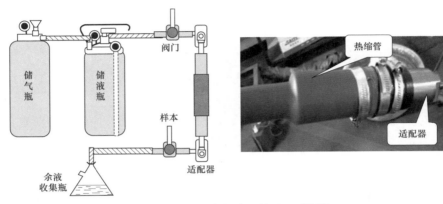

图 5-53　电缆修复注入装置及适配器

长电缆的现场修复，在修复 24h 后电缆介质损耗明显下降到较低的水平；对样本施加运行电压，跟踪测量介质损耗值，可知介质损耗依旧呈现出波动下降的趋势，一个月后介质损耗已达到新电缆的水平。

5.3　灾害现场快速勘察

目前应急救援现场的信息采集以文字、图片和视频为主。随着应急通信技术的发展，此类应急现场信息可以在短时间内即传送到各级应急指挥部供参考决策。现场灾情的勘测通常通过地面人员或飞行器航拍后，通过照片或视频等方式对相关的电力设施、道路、地形等进行灾情研判。此类照片和视频较为零散，都是平面二维的画面，且此类信息没有耦合入照片源的位置、方位和光学信息，不具有可测绘信息，在应急现场海量的信息中难以高效快速地提取需要的内容，此类平面图像信息也难以从空间三维信息对现场的灾情信息进行分析，仅能从定性的角度研判灾情，使得现场勘查的图片视频的信息量没有得到充分的挖掘，限制了航拍图片的应用。近年来测绘行业已有一些三维地形生产工具可用，但其生产效率难以满足应急救援现场应用的实时性要求。

将应急现场获取的多角度、多点位图片信息进行融合处理，结合信息源的位置、方向、角度、光学信息等，通过几何校正、航测平差、数字点云生成、三维贴图等步骤实现应急现场具备测绘精度的三维空间场景的重建。相对于普通平面照片视频，应急现场的三维场景信息对应急指挥救援具有重大的意义，三维空间信息可以更准确直观地展示出受损的实际状况，还可提供各类对象具备测绘精度的长度、宽度、高度、距离等空间信息，使得现场灾情勘查实现定量化，例如三维场景中可以测量铁塔到植被的距离，从而实现对铁塔是否需要处置进行研判；三维场景信息对应急现场的地形地貌、道路交通的精确勘查也具有重要的意义，现场救援需选择行进路线时，三维场景提供的坡度信息可以帮助更合理地规划和选择救援的线路，对各类自然灾害的研判也可以更加精确，如三维场景中可对洪水的面积、堰塞湖的体积进行研判和计算，可更快速准确地判断灾害的后续发展态势和影响。总体而言，基于现场勘测图片重建的三维场景，可给现场提供直观、完整、丰富的可视化灾情展示，使得灾情现场的信息展示更具有整体性，可大大提升指挥决策的效率，在现场灾情细节的具体测绘和分析中，也可以充分利用空间信息对灾情的严重程度、发展态势以及救援方案进行分析和辅助推演，大大提高应急现场灾情研判和指挥决策的信息化程度，对提升应急救援的效率和技术水平具有重要的意义。

灾害现场勘察基本路线如图 5-54 所示。

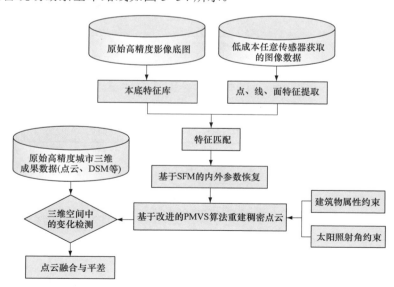

图 5-54　灾害现场勘察基本路线图

5.3.1 灾害现场快速三维重建

三维重建系统是一个无人机采集数据时候的一个重要指导系统，在应急现场需要快速的确定三维重建区域，然后利用无人机快速采集相关影像数据。无人机采集的数据对后面的重建工作起到关键性作用，而三维重建任务规划系统能有效指导无人进行相关数据采集，使得采集回来的数据能满足后面的重建的要求。因为它是一套用于应急抢险过程中为无人机、无人直升机飞行平台进行任务规划、任务设定、任务评估的多功能软件平台，能为机载传感器的顺利作业提供基础保障。在无人机影像拍摄中需要满足低空数字航空摄影规范。任务规划路线如图 5–55 所示。

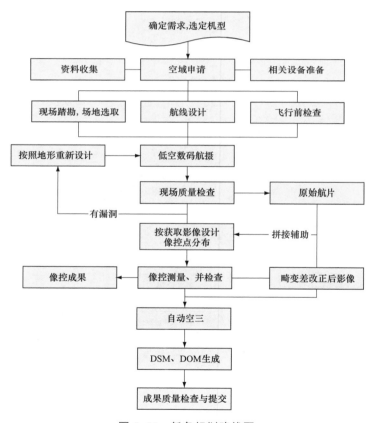

图 5–55　任务规划路线图

（1）流程详细说明。

步骤描述 01：确定需求，选定机型

步骤描述	根据应急现场需求，确认成果成图比例尺，并进行研究分析，选定适合的飞机机型

步骤描述 02：资料收集

步骤描述	（1）收集应急现场天气条件，风速，风向，雨雪情况等。 （2）收集矢量与影像资料（地形图，卫星影像，规划地图等）。 （3）收集机场信息，重要设施等

步骤描述 03：空域申请

步骤描述	作业区域要划定空域范围，地理位置等要向相关部门进行空域申请，待空域批准才可作业

步骤描述 04：相关设备准备

步骤描述	根据航摄任务性质和工作内容，选择所需的设备器材，对选用的设备器材进行检查调试，使其处于正常状态

步骤描述 05：现场踏勘，场地选取

步骤描述	需要对摄区实地踏勘，采集地形地貌，地表植被，周边机场及重要设施，道路交通，人口分布，有无信号干扰等信息，根据实际情况确定起飞，降落场地

步骤描述 06：航线设计

步骤描述	根据前面资料收集情况，现场踏勘情况，场地选取情况进行航线设计

步骤描述 07：飞行前检查

步骤描述	（1）地面监控站设备检查，检查线缆与接口，监控站主机，监控站天线，监控站电源。 （2）任务设备检查，检查相机镜头，对焦情况，快门速度，光圈大小，感光度，电量，并清空存储设备，试拍检查。 （3）飞行平台检查，检查机体外观，连接机构，执行机构，螺旋桨，天线，机内线路，空速管，飞控设备，相机舱，油箱，油路，起落架，降落伞，飞行器总体等。 （4）燃油，电池检查，检查燃油情况，机载电源，遥控器电源情况。 （5）弹射架检查，检查稳固性，倾斜度，完好性，润滑性，牵引绳，橡皮筋，弹射力，锁定机构，解锁机构。 （6）设备通电检查，监控站设备，航摄设计数据，数据传输系统，信号干扰情况，遥控器，飞控设备，数据发送与回传，控制指令响应。 （7）发动机启动后检查，检查飞动机响应情况，风门，转速，舵面中立，发动机动力，停车控制。 （8）附设设备检查，根据系统配置，与相关的附设设备进行检查。 （9）关联性检查，设备检查时，任何一项内容发现问题并调整正常后，要对与其相关的内容进行追溯性检查

步骤描述 08：低空数码航摄

步骤描述	（1）起飞阶段操控，根据地形，风向决定起飞方向，遥控飞行模式时刻注意飞机高度，速度等数据。 （2）飞行模式切换，遥控模式何时切换到自主飞行模式，由监控操作员向飞行操作员下达指令。 （3）视距内飞行操控，操作手密切监视无人机飞行状态，做好应急干预准备。监控操作员对航高、航速、飞行轨迹进行监测，在一切正常的情况下让无人机执行飞行任务。 （4）视距外飞行操控，对航高、航速、飞行轨迹的实时监测，对发动机转速和空速、地速进行监控，机载电源电压情况，随时检查照片拍摄数量等等。一旦发现异常，立刻通报监控操作员并采取措施。 （5）降落阶段操控，无人机在完成预定的任务返航时，在降落地点操作手在看清无人机飞行情况下，把自主飞行模式切换到遥控飞行模式。然后根据地面情况安全降落

步骤描述 09：现场质量检查

步骤描述	检查影像数据，位置和姿态数据，并进行低分辨快速拼接，如有漏洞或漏拍情况，及时进行补拍

步骤描述 10：按获取影像设计像控点分布

步骤描述	根据成图比例尺及像控点外业布设规范先设计像控点

步骤描述 11：像控点测量并检查

步骤描述	根据应急现场情况，在保证安全的情况下尽可能测量像控点。并检查精度情况

步骤描述 12：像控成果汇总

步骤描述	对像控点成果进行汇总，包括坐标信息，点号，点位概略点，点位详细图等

步骤描述 13：自动空三

步骤描述	（1）建立空三项目。 （2）导入图像。 （3）定义坐标系统。 （4）导入坐标信息，IMU 信息。 （5）添加像控点。 （6）进行自动空三处理

步骤描述 14：DSM，DOM 生成

步骤描述	（1）根据空三结果，生成 DSM 点云数据。 （2）根据空三及 DSM 数据生成 DOM 数据

步骤描述 15：成果质量检查及提交

步骤描述	（1）对进行成果数据的精度，影像分辨率，色彩情况，清晰度，层次丰富性，拼接情况等进行质量检查。 （2）提交影像数据，航线设计图，飞行记录表，相机检定报告，质量检查报告等纸质及电子资料

（2）地面分辨率的选择。各摄影分区基准面的地面分辨率应根据不同比例尺航摄成图的要求，结合分区的地形条件、测图等高距、航摄基高比及影像用途等，在确保成图精度的前提下，本着有利于缩短成图周期、降低成本、提高测绘综合效益的原则在表 5-15 的范围内选择。

表 5-15　　　　　　　　　　地 面 分 辨 率

测图比例尺	地面分辨率值（cm）
1:500	≤5
1:1000	8～10
1:2000	15～20

（3）航摄分区的划分。划分航摄分区应遵循以下原则：

a. 分区界线应与图廓线相一致；

b. 分区内的地形高差不应大于 1/6 摄影航高；

c. 在地形高差符合 b 条规定，且能够确保航线的直线性的情况下，分区的跨度应尽量划大，能完整覆盖整个摄区；

d. 当地面高差突变，地形特征差别显著或有特殊要求时，可以破图廓划分航摄分区。

（4）分区基准面高度的确定。依据分区地形起伏、飞行安全条件等确定分区基准面高度，摄影分区基准面高程，采用 DEM 设计时，摄影分区基准面高程计算公式为

$$h_{基} = \frac{\sum_{i=1}^{n} h_i}{n} \tag{5-1}$$

是摄影分区基准面高程，单位为 m，分区内 DEM 格网点的高程值，单位为 m，为分区内最低高程，单位为 m。

在地形图上选择高程点计算分区平均平面高程公式，而在平原和地形高差不大的平缓地区高程计算公式为

$$h_{基} = \frac{h_{飞高} + h_{飞低}}{2} \tag{5-2}$$

摄影分区基准面高程，单位为米（m），分区内最高高程，单位为米（m），分区内最低高程，单位为米（m），在丘陵和地形起伏较大的地区，用以下公式

$$h_{基} = \frac{h_{高平均} + h_{低平均}}{2}$$

$$h_{高平均} = \frac{\sum_{i=1}^{D} h_{i高}}{n} \qquad h_{低平均} = \frac{\sum_{i=1}^{D} h_{i低}}{n} \tag{5-3}$$

分区内高点平均高程，单位为 m，分区内低点平均高程，单位为 m。

（5）航线敷设方法。

a. 航线一般按东西向平行图廓线直线飞行，特定条件下也可作南北向飞行或沿线路、河流、海岸、境界等方向飞行；

b. 曝光点应尽量采用数字高程模型依地形起伏逐点设计；

c. 进行水域、海区摄影时，应尽可能避免像主点落水，要确保所有岛屿达到完整覆盖，并能构成立体像对。

（6）摄区边界覆盖保证。航向覆盖超出摄区边界线应不少于两条基线。旁向覆盖超出摄区边界线一般应不少于像幅的 5%；在便于施测像片控制点及不影响内业正常加密时，旁向覆盖超出摄区边界线应不少于像幅的 30%。

（7）航高保持。同一航线上相邻像片的航高差不应大于 30m，最大航高与最小航高之差不应大于 50m，实际航高与设计航高之差不应大于 50m。

（8）漏洞补射。航射中出现的相对漏洞和绝对漏洞均及时补射，应采用前一次航摄飞行的数码相机补摄，补摄航线的亮度应超出漏洞之外两条基线。

（9）飞行航迹实际设计。软件主界面如图 5–56 所示。

图 5–56　软件主界面

（10）三维任务规划软件运行。场景显示界面如图 5–57 所示，航线规划示意如图 5–58 所示。

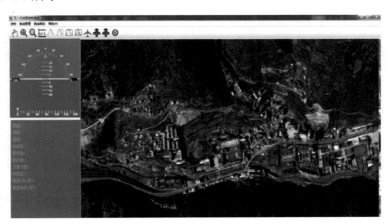

图 5–57　场景显示界面

单击"移动航线""编辑航线""删除航线"等按钮，实现对任务区域内的航线进行编辑，使得最终规划出的航线更加符合任务需求。

（11）航线管理。单击"航线管理"按钮，实现将已规划的航线保存、重新打开、上传到无人机等功能。此处应注意，航线上传到无人机前需打开地面站与无人机的通信串口。保存航线，如图 5–59 所示。

图 5-58　航线规划示意

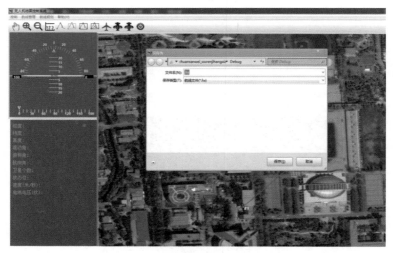

图 5-59　保存航线

　　机载数据采集系统，是一个兼容多种传感器硬件组合的开放式平台，能搭载包括各种商业及消费级数码相机在内的可见光传感器及多种类型的辅助传感器进行数据数据采集，并确保多传感器之间的数据同步并储存获取的信息。

5.3.2　三维重建数据获取平台

系统示意如图 5-60 所示。

（1）高分辨率数码相机。

（2）外触发同步曝光控制系统。

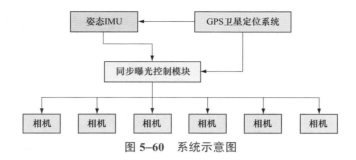

图 5-60　系统示意图

（3）姿态惯性测量单元 IMU 和全球定位系统 GPS 数据采集系统。

（4）GPS 外触发信号。全景相机数据采集系统，需要 GPS 全球卫星定位系统提供连续可靠的地理坐标信息和世界标准时间 UTC。把地理坐标信息提供给姿态 IMU，配合 IMU 数据形成更加稳定和连续的实时定位信息。提供每秒脉冲 PPS 给同步曝光控制模块，用于同步系统时钟。在同步曝光信号的驱动下，同步记录 GPS 数据。

（5）姿态 IMU 外触发信号。姿态 IMU 产生运动姿态数据，结合接收 GPS 的地理坐标信息，实时解算出连续定位和时间信息，再根据设定的全景拍摄参数，产生周期性的原始曝光信号，这个信号中附带着位置标志和时间标志。

（6）传感器部分设计。

（7）无人机载松散数据融合 GPS/INS 方案。

1）GPS 将地理坐标信息提供给姿态 IMU，配合 IMU 数据形成更加稳定和连续的实时定位信息；

2）采用双天线 GPS，能够提供航向角度；

3）为后续的三维重建提供位置、速度、姿态信息。

由于无人机在飞行过程中和后续的三维重建都需要精度要求比较高的地理坐标、速度、姿态信息，对于前两者参数可以通过 GPS 十分方便得到，后者的姿态信息也可以通过捷联惯性导航系统给出。但是实际情况中，捷联惯性导航系统由于器件误差、算法误差等一系列的原因，会造成计算得到的姿态信息出现随时间积累的误差，并且这种问题并不能通过增加硬件成本而消除。

为了克服这一问题，采用 GPS/INS，使用 GPS 的地理坐标、速度等信息，采用卡尔曼滤波手段对捷联惯性导航系统的姿态误差进行最优估计，减小姿态误差。

GPS/INS 系统设计框图如图 5-61 和图 5-62 所示。

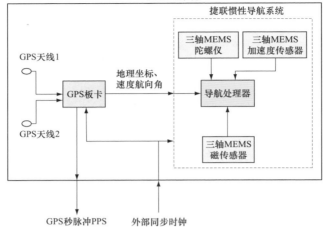

图 5-61　GPS/INS 系统设计框图

图 5-62　倾斜摄影五镜头获取硬件设计

5.3.3　高精度快速三维地形重建算法

从无人机载数据采集系统采集回来的数据是重叠率比较高的图片及辅助传感器信息数据，为了从这些数据中获取目标区域地形及地表建筑物、构筑物三维模型成果数据，需要实现以下处理模块：相机标定模块，相机姿态计算模块，三维点云重建模块，三维模型生成模块。相机标定模块主要是解决相机在成像过程中由于镜头畸变和光心引起的测量误差。通过对相机的内方元素进行预标定，得到相应的畸变参数进行调整，从而使影像数据满足测量重建要求。相机姿态计算模块主要是解决相机间的外方元素的计算问题，得到所有相机在同一个坐标系下的所有姿态为下一步的三维重建做相关的准备工作。此模块主要包括几点：特征点提取 sift，sift 特征点匹配，过滤误匹配 ransac，相机间相对姿态计算，姿态归一化。三维点云重建模块主要解决从影像到三维点云的生成问题，利用上面两步算出来的结果再结合多目视觉约束关系把在影像上的像素点生成点云。此模块主要包括：稀疏点云的生成，稠密点云的生成。三维模型生成模块主要是为了解决从上一步得到的稠密点云中处理出高程模型、数字表面模型，从而得到描述地面及地面目标的三维形态。此模块包括数字高程模式DEM和数字地面模式DSM生成。DEM和DSM生成流程如图5-63所示。

图 5-63　DEM 和 DSM 生成流程

（1）相机标定模块。作为基于相机的三维重建技术，相机标定是一块很重要的环节，相机的标定结果直接影响到后面的重建的每一个环节的成功与否。采用的相机又是属于消费级相机而非测量用相机，因此镜头存在的畸变会相对较大，而不能忽略。而相机标定分为内标定和外标定。内标定主要标定相机自身的参数，其中包括相机的光心、焦距和畸变参数。外标定主要是标定相机模型与世界坐标系之间的方位参数，其中包括相机相对于世界坐标系的旋转参数，位移参数。此方案是单目相机加无人机采集数据，相机之间的外参数是通过自标定实现。

内标定的过程本质就是求解内参矩阵的未知参数和非线性畸变系统的过程。内标定的方法选用了张正友标定法。

（2）相机姿态计算模块。此模块主要用于计算相机拍摄不同影像时的姿态，再通过归一化从而得到每次成像时相机的姿态，从而为后面三维重建模块提供条件。此模块在整个方案中起到非常重要的作用，相机姿态的计算的正确与否直接影响到后面几个模块的结果正确与否。而这个模块也是实现自动化处理的最重要一步，需根据已有的影响数据和辅助传感器的数据融合在一起，得出一系列高精度数据。此模块主要包括几个流程：sift 特征点提取，sift 特征点匹配，ransac 过滤误匹配，相机间相对姿态计算，姿态归一化。对无人机图像数据特点的总结，可以发现无人机图像数据具有以下几个特点：

1）大部分应用中，获取无人机图像的相机为定焦镜头，其焦距值固定，同时可以通过严格的标定，消除畸变，获得相机的内参数信息；

2）有大约 10m 左右精度的位置辅助信息；

3）有精度不高的姿态辅助信息，一般在 10°以内；

4）有粗略的地形高程数据；

5）保证了高重叠率（航向重叠和旁向重叠）；

6）地面图像数据纹理丰富，适合自动匹配重建。

图像矫正纠错算法流程如图 5-64 所示。

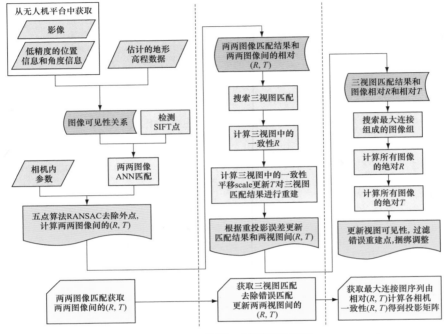

图 5-64　图像矫正纠错算法流程

因此可以批处理影像数据，只需要一次性优化即可完成整个三维重建过程。算法核心是在给定两两视图 i 和 j 间的相对旋转矩阵 R_{ij} 和平移 T_{ij} 下，如何获取全局一致性的旋转矩阵 R_i 和平移量 T_i，并保持 T_i 尺度的一致性。主要包括两部分内容：

1）由相对旋转估计绝对旋转（在全局坐标系下）；

2）在给定绝对旋转情况下，由相对位移估计绝对位移（在全局坐标系下）。

（3）三维点云重建模块。这一步处理是为了解决相机二维影像利用上面求解的相机姿态和内参生成三维点云，如图 5-65 所示。

（4）三维模型生成模块。这一步是从上面得出的点云中进一步处理得到相应的三维模型。上面得到的点云比较离散和无序，需要进一步处理让其变成有序的面，再进一步得到整个三维模型。在离散点集中，一个局部邻域可以通过

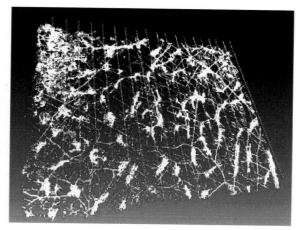

图 5-65　基于影像生成重建的点云

采样点的空间关系来定义，给出任一点（P 表示点云数据），索引集可以定义一个局部邻域，是这样的索引集：对于每一个 p_i，$i \in N_p$ 都满足一定的邻域条件，但是 N_p 中的点应能足以表示以 P 为中心的一个小的局部面片，而且邻域类型只依赖于点云的空间几何信息。可计算出主曲率 K_1 和 K_2。根据离散点曲率的计算方法，可以计算出曲面上某个点的主曲率，进行离散点曲率的计算，最关键的步骤是选取该点的邻域，通过扫描仪扫描得到的描述物体表面的点云数据十分巨大，动辄几十万、几百万，甚至几亿，如此巨大的数据为后续的处理，例如此处所要做的三角网格曲面重构工作，都带来很大的困难，因此如何精简点云数据去掉一些冗余数据成为一个很重要的问题。简化方法必须要满足能用较少量的点来逼近原始点云模型，当然逼近程度越高，误差越小，表明简化方法越好。一般的，令 S 为点云 P 定义的多边形表面，给定目标点云的采样率 $n < |P|$，找到一个点云 P' 满足 $|P'| < n$，而点云 P' 定义多边形表面 S'，令 $\varepsilon = d(S, S')$ 表示 S 和 S' 之间的距离，若 ε 足够小，那么我们就认为精简后的点云 P' 比较精确。换句话说，点云精简的目标就是能够找一个点云数据 P' 使得 $d(S, S') \leqslant \varepsilon$ 并且满足 $|P'|$ 最小。KD-Tree 的方法通常用来查找距离最近的两点，它是一种便于空间中点搜索的数据结构。KD-Tree 是很有特点的一种数据结构，它的每个节点代表一个矩形区域，同时每个节点对应一个坐标抽上的划分，它的子节点就对应着这个划分，并且节点所对应的分割线与深度对应。KD-Tree 同时还具有点分布均匀的特点，所以搜索的效率比较高。图 5-66 所示为基于影像生成简化的点云，描述了二维空间生成 KD-Tree 的过程，首先按 X 轴寻找分割线，就是计

217

算所有点的 x 值的平均值，以此平均值将空间分成两部分；然后在分成的子空间按 y 值划分，分割好的子空间再按 x 值分割，依此类推，最后直到分割的区域内只有一个点，这样的分割过程就对应于一个二叉树。二叉树的分支节点就对应于一条分割线，而二叉树的每个叶子节点就对应一个点。KD-Tree 法是采用一种回溯的算法来搜索最近两点，对于一个任一输入顶点 p，首先找到 p 所在的区域然后计算与 p 所相邻区域内所有点的最小距离。$\min D$，然后用这个最小距离和 p 到当前分割线的距离进行比较，如果最小距离小于等于 p 到分割线的距离则搜索结束；如果最小距离大于 p 到分割线的距离，说明有可能在上层区域距离 p 最近的点，则向上层回溯直到找到的最小距离小于 p 到当前分割线的距离为止。

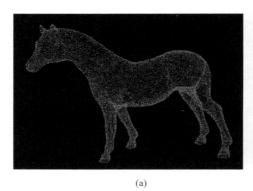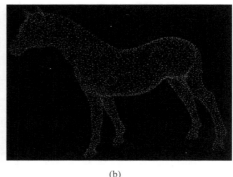

(a)   (b)

图 5-66　基于影像生成简化的点云

（a）原始点云数据；（b）简化后点云数据（k=20）

（5）并行计算模块。为了协调应急现场海量数据和计算时间的矛盾，研究基于 CPU/GPU 集群技术对获取的图像数据进行快速并行处理，构建具有高可扩展性、可伸缩性的应急现场遥感数据高性能处理集群架构，优化计算硬件系统、计算通信系统、存储系统、分布式文件系统、资源调度系统与遥感数据处理算法高效率匹配与耦合的方法，构建高性能集群处理环境。

并行计算模块的生产管理和任务调度系统，分工作区域、处理流程、处理方式进行合理划分，充分发挥计算机集群计算、多用户终端机作业员专业分工的优势，合理分配自动化和人机交互的任务工作。其中，自动化处理流程可根据集群系统文件系统、硬件平台工作状态对多任务进行最优调度，减少等待时间，提高效率；非自动化处理任务充分发挥多机同时作业的优势，减少分区作业中的接边处理工作。此外，提供多种图形化用户接口，用于管理和查询各处理任务的状态和产品信息等。

　　并行计算模块主要包括三个部分：即高速存储系统网络与相关服务、并行集群计算系统与相关服务和用户操作环境。高速存储系统网络与相关服务可采用 SAN 和海量数据管理技术，也可采用普通台式机组建高速局域网并构建分布式文件系统，提供遥感数据的存储、管理与检索服务，用户 PC 通过高速以太网可以存取、查询遥感数据。并行集群计算系统通过主节点连接多个计算节点，并通过 SAN 网络快速、大容量的存取所要处理的遥感数据，在并行计算库和并行分解策略的支撑下将任务分配到不同计算节点中通过多核多线程并行执行，多机处理完成后的结果通过主节点调度再合并成最终处理结果。用户操作环境包括网络环境和图形界面系统，用户通过以太网可以访问 SAN 网络的遥感数据，向并行集群计算系统提交数据处理任务，同时通过 Web 界面实时监控数据处理进程。具体计算流程如图 5-67 所示。

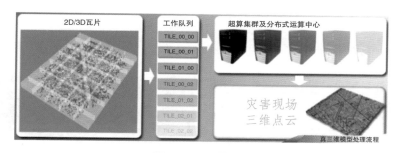

图 5-67　计算流程

　　在有条件将数据就近转运至机房的情况下，可采用大型多节点 CPU/GPU 计算资源进行数据应急处理，如图 5-68 所示。

图 5-68　大型计算机或者超大型计算机

多数情况下地质灾害应急现场难以将获取的原始数据快速转运，且成果数据需求的急迫性也需要尽量将计算安排在本地进行，因此，采用便携式加固多节点工作站作为并行数据处理计算单元提供现场数据处理的方式提高效率，如图 5-69 所示。

图 5-69　采用便携式加固多节点工作站作为并行数据处理计算单元

5.3.4　三维模型重建算法在的电网应用

（1）中尺度应急现场扫描场景数据展示结果如图 5-70～图 5-74 所示。

图 5-70　效果图 1

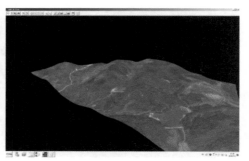

图 5-71　效果图 2

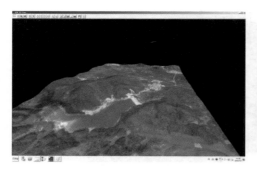

图 5-72　效果图 3

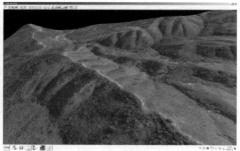

图 5-73　效果图 4

图 5-74　效果图 5

　　从图 5-70～图 5-74 可以看出，重建出来的结果比较精细，起伏明显。整个方案最终有效地把从无人机采集回来的影像数据，GPS 数据，IMU 数据融合在一起最总生成精确的三维点云和三维模型。

　　（2）小尺度某地区变电站三维重建精细化模型展示，如图 5-75～图 5-78 所示。

图 5-75　小尺度展示效果图 1

图 5-76　小尺度展示效果图 2

图 5-77　小尺度展示效果图 3

图 5-78　小尺度展示效果图 4

从图 5-75～图 5-78 可以看出来，重建出来的结果相当精细，能较好满足电网灾害现场场景的展示。

5.4 应急抢险指挥决策

5.4.1 智能化决策理论

突发灾害在世界范围内频繁发生，从 2001 年"9·11"事件到 2003 年 SARS 的蔓延，到 2008 年全球金融危机，再从 2008 年四川汶川 8.0 级地震到 2013 年四川芦山 7.0 级地震等各种形式突发事件，给社会带来了严重的破坏和影响，造成了生命和财产的巨大损失。为减少突发事件造成的各种损失，及时的应急救援工作尤为关键，应急救援中相当重要的环节就是对灾害地区紧缺资源的及时供给，即对灾害地区的应急资源调度。应急资源调度的水平，直接关系着应急救援工作能否顺利进行以及应急救援工作的效率。

应急资源调度作为突发事件下应急管理的重要环节，贯穿整个应急救援工作的实现阶段，是应急管理实现救援价值的重要表现。目前应急资源调度发展却存在以下问题：在实际处理突发事件时存在信息不畅通、资源储备不足、缺少专业应急救援人员、物流不畅通和多资源情况下调度混乱等问题，导致应急救援工作效率不高，应急资源利用率低。

对应急资源调度的研究是为了更快、更好地完成应急救援工作，最大限度地提高应急资源调度的效率，避免事件继续恶化和产生不利的连锁反应，而应急资源调度效率主要体现在：在保证送达的应急资源种类与数量满足灾害地区需求的前提下，及时并高效配送应急资源。在应对重大突发事件过程中，由于可能存在资源点和灾害点都有多个的情况，导致应急资源的调度情况更加复杂，如何将资源调度问题考虑周全并设计合理的调度方案非常关键，不但要考虑应急资源调度的效率，还要考虑将要配送到达灾害地区应急资源的利用率，从而最大限度地利用配送到灾害地区的应急资源，避免运输资源和应急资源的浪费。

（1）应急资源概述。

1）应急资源类型及其获取途径。突发事件发生时，由于事件突发性、破坏性的特点，会使事件发生地需要很多不同种类应急资源，通过提前根据不同资源特点对资源分类，有利于应急资源调度过程中对资源整体规划和协调。根据各种应急资源的属性不同，可以将应急资源分为人力、资金、物资和信息资源。在进行突发事件的应急救援时，需要这几种资源相互协调配合使用，才能满足灾害地区的资源需求。

　　a. 人力资源。在突发事件的救援过程中，人力资源在整体对突发事件处理的过程中起着主导作用，是进行应急救援工作最重要的资源。无论是对各阶段应急救援方案的制订，还是各阶段应急救援活动的实施，都离不开人力资源。人力资源合理管理是整个救援活动有序进行的保障。在应急救援过程中，人力资源的骨干主要包括公安、武警和军队，在特定条件下，人民群众在突发事件中也发挥着重大作用。

　　b. 物资资源。为应对各种突发事件，在平时要做好对必要物资的储备工作，只有这样在突发事件发生时，才有足够的物质保障去完成应急救援任务。我国已经形成了以国家物资储备局为主导，下设各省级的储备物资管理局以及分布全国的基层的物资储备处、储备点。这三个层次的储备机构形成了三级垂直管理体系。

　　c. 资金资源。在应急救援活动中，不但有人力、物力资源参与，还要有资金资源来保证救援工作的各个环节顺利进行。资金主要用于应急资源的购买、运输费用和参与救援人员与受灾地区群众的衣食住行等费用。资金来源于政府财政、银行保险、社会团体捐赠、民间捐赠以及国际援助等。政府的财政资金用于平时应急管理、应急研究、应急保障资源建设、维护和更新等，最大特点是易于控制且时效快。社会团体捐赠、民间捐赠以及国际援助也是资金的重要来源渠道，但是通过这些渠道获得资金的不确定性较大，且从资金捐赠到将资金应用到应急救援中有个时间差，导致资金不能直接到位，造成资金时效性差。

　　d. 信息资源。突发事件发生后，灾害地区各种信息的收集对应急救援工作影响重大，故在突发事件应急管理中，信息也作为一种资源为救援工作服务。灾害地区信息收集的主要对象是该突发事件性质、造成当地的人员伤亡、财物损失情况等。一方面根据损失情况判断突发事件的等级；另一方面要根据这些信息，对应急资源的需求种类和数量进行预测，进而制订救援方案，进行应急资源调度。

　　以上四大类资源是突发事件的应急救援过程中所涉及的应急资源类型，由于灾害地区各种应急资源的紧缺，这四大类应急资源的获取途径和最短获取时间对应急物资调度至关重要。

　　2）应急资源需求预测及物资调配。应急资源需求预测在突发事件中必不可少，只有通过需求预测得到数据，才能根据这些数据得到灾害地区短缺的资源种类和数量，才能进一步依据数据制订调度方案，根据预测方法的着重点不同与准确性不同，主要有两种预测方法：即定性预测法和定量预测法。其中，定性预测方法的最大特点是主观性强，通过总结以往发生过的同类事件的经验，主观判断灾害地区受损情况，进一步根据推测的灾害情况，给定对应急资源需求种类和数量，这种方法误差比较大，缺乏客观能动性，得到的数据非常不严谨，往往与突发事件发生地应急资源的实际需求相差较大。定量预测方法是利用统计学原理，根据得到的关于突发事件的相关资料，用数学模型进行预测，虽然在运用数学模型的过程中，也要对其中有的变量进行主观赋值，但总体来说，凭借主观赋值的部分占的比重小，大部分是有实际数据的，因此定量预测方法比定性预测办法科学合理，其关键问题是构建数学模型的原则要符合突发事件的实际情况。

突发事件发生后，快速预测灾害区域应急资源种类和数量，并及时、高效地配送至灾害区域是应急调度最终目标。在配送应急资源到灾害地区过程中，涉及运输工具的选择，选择合适的运输方式对提高应急救援工作效率非常重要，下面是突发事件应急资源调度中几种常见的运输方式。

a）铁路运输方式。铁路运输主要适用于资源数量巨大、配送距离较远和灾害地区沿铁路分布等情况，是重大突发事件中最常用的应急资源运输方式。优点是速度快、运输成本低、运输承载量大，且很少受自然条件影响，除非自然条件非常恶劣，如暴雨冲毁铁轨等，才会影响到铁路运输。缺点是运输不灵活，无法在没有铁轨的地方运用这种运输方式，只能选择在靠近铁路沿线上的地点作为资源收集或中转。在突发事件中，一般以铁路运输为主体，配合其他运输方式搭配使用。

b）公路运输方式。公路运输也是突发事件应急资源调度的主要运输方式之一，主要适用于陆地上的应急资源运输。公路运输主要有配送速度快、机动性强和运输成本较低等优势。缺点主要是运输能力和铁路运输相比较小，不适用资源数量巨大的时候采用，安全性较低。但由于铁路运输本身的局限性，公路运输使用频率远远高于铁路运输，在应急资源调度过程中，起到的作用非常大，广泛应用于帐篷、棉衣和食物等基本物资的配送。

c）航空运输方式。在应急资源调度过程中，在配送距离较远、物资数量少和时间相对紧迫的情况下，可以选择航空运输方式配送。这种运输方式的优点是速度较快，能够保证应急资源的时效性。缺点是运输成本太高，不适合大批量的资源运输，同时航空运输受天气和灾害地区场地的影响较大。

d）水路运输方式。水路运输方式的工具是船只，主要适用于突发事件发生地在沿河、沿江、沿海、岛屿或直接发生在海上的突发事件。优点是运输能力较大，适用于资源数量巨大、大件物资的运送，且运送费用较低。水路运输的劣势在于运输速度较慢，运输时间容易受江河、海上的天气情况以及周围环境等因素影响，配送时间存在很大的不确定性。

e）其他运输方式。其他运输方式包括不适用于物理性质为固体的资源运输，只能运输液体或者气体类资源的管道运输方式，如天然气、自来水等；一般适用于电力资源和信息资源等非物质性实体的资源运输的线路运输方式，如架空线路或电缆线路作为介质传输电力资源、光纤电缆作为介质传送信息资源等。

（2）应急资源调度优化管理。

1）应急资源布局。应急资源布局是应急资源调度中一个重要问题，所谓布局就是将物体按照一定要求或规则合理地放置在一个空间内，或者将一个空间划分为许多小空间，然后按照要求把物体放置在这些小的空间里。应急资源调度中资源布局包括应急服务中心的选址问题、资源配置等问题，具体存在的问题包括应急资源（如急救中心、医疗机构、消防站、警力、警车等）布局的地点和数量，即应急资源安置在那里比较适合以及每个合适的位置配置多少数量的应急资源，才会在应急管理中使得应急资源的供应量达到最大或最优，使得应急调度在处置突发事件中起到应有的作用。因此可以明确地知道，在突发事件应急调度管理中人员和物资等的布局目标就是合理安排人员（如警力、消防、急救、特种处理等）、物资（机构、仓库等）的布点，尽可能地满足事件发生时应急点对应急资源的需求。

应急资源的布局需要考虑多个因素，首先考虑到应急服务中心的性质及其位置，应急服务中心所能承载的应急资源数量，还要考虑所服务范围区域可能发生的事故种类及其可能的级别、区域的人口数量、应急点的数量、到应急点的道路情况、运输工具能力等因素的影响。然后对应急资源服务中心应急资源的布局也要考虑应急服务中心处理突发事件的性质进行布局。

应急资源布局还涉及城市规划、地区特征、距离及资源流量等因素。资源布局问题不但要考虑资源布局的费用，而且要考虑突发事件的性质特点。如果需求点与应急供应点之间的流量是固定值，则布局的最初阶段是一个静态过程，布局的目标就只是考虑布局所用的物流费用，使得布局费用最小化。但是突发事件本身的特征决定了某些事件下应急活动对应急资源的需求是动态的或者多阶段的，即后一阶段的应急资源需求量不仅与前一阶段提供的应急资源量有关，而且与前一阶段应急资源投入到应急活动或到达应急点时间有关。总的来说，资源布局是一个动态的、多阶段的调配过程。

2) 应急资源优化配置。在进行应急资源布局时，应该考虑到提供服务的地区发生事故的过程中可能出现的状态转化问题，需根据不同阶段的事故状态资源需求情况对救助点进行合理的资源优化配置，因此资源布局最终还是要靠资源的优化配置来完成。一旦应急资源服务中心地址确定，接下来就要进行资源配置问题，需要对每个应急资源服务中心分配应急资源，应急调度管理不可忽视的约束就是成本，正是存在成本约束，我们不可能也没必要向每个应急资源服务中心提供无穷多的资源以应付紧急事件，如何在满足一定服务水平的前提下，有效分配资源就显得非常重要。

应急资源优化配置不等同于应急资源合理配置，应急资源优化配置指能够带来高效率的应急资源使用，重点在于"优化"，它既包括系统内部的人、财、物、科技、信息等资源的使用和安排的优化，也包括社会范围内人、财、物资源配置的优化。应急资源配置是否优化，其衡量标准主要看应急资源的使用是否带来了生产的高效率和企业经济效益的大幅度提高。而应急资源合理配置衡量标准主要看应急资源的使用是否符合社会生产、生活的需要。

资源优化配置和资源合理配置是紧密联系的，合理配置是优化配置的前提条件，优化配置是合理配置的最终目标。由于资源的有限性，投入到某种产品生产的资源的增加必然会导致投入到其他产品生产的这种资源的减少，因此，人们被迫在多种可以相互替代的资源使用方式中，努力选择较优的一种，以达到社会的最高效率和消费者、企业及社会利益的最大满足，使得有限的资源得以最大限度地有效利用。

应急物资选址和资源配置关系非常密切，理论上是整体考虑的，但在现实生活中，往往是在应急服务中心位置确定情况下来考虑资源优化配置问题。相对而言，静态资源配置问题就显得十分简单，只需要考虑资源配置费用，根据资源可支配总量和各个应急服务中需要配置的资源量，满足应急的需求条件即可。然而在应急管理中，大多情况下考虑的是一种动态的资源优化配置，因为突发事件本身特征以及事件不断地变化和转化，使得应急资源的优化配置变得复杂，需要用动态的思想来进行资源的优化配置，使得资源达到优化配置的目的。

（3）应急资源调度决策原则。应急资源的布局、优化配置和调度是应急管理中的主要决策问题。当突发事件发生后，有关部门根据指挥调度系统指令和现阶段救助资源需求情况，确定调度资源数量、制订运输资源路线以及根据突发事件发展变化情况，多阶段地跟踪调度资源等。

一般的资源调度主要是根据现有的资源配置数量情况和生产需求，调动库存资源以满足需求，这里的资源调度首先考虑的是能否满足利润最大原则，或成本最小原则，应急管理中的资源调度与一般的资源调度相比有以下特点：

1）紧急性。应急管理中的资源调度以时间最小为首要原则，这是由突发事件本身的特点所决定。突发事件发生以后，需要在一定的时间内实施救援，否则使灾情扩大，可能造成更大的甚至不可估计的损失。因此，应急管理中的资源调度首要原则便是在最短的时间内将所需救援资源送达灾害现场，这里时间的重要性明显优先于对成本的考虑。

2）时效性。与一般资源调度的需求任务不同，应急物资的调度可能不是单个阶段的工作，而需要根据当前救援的情况变化和前一阶段的救援效果，动态地、多阶段地调度资源，直至完全控制或消除灾害。

一般的运输问题可以描述为从物资存储地将物资运到物资需求地，以成本最小为目标函数。但在应急管理中，物资运输首先考虑如何尽快地把物资运送到指定的灾害发生区，保证各个应急部门能在最快的时间内投入到救援活动中，此时的运输问题受到时间的约束，目标函数不仅仅是运输成本最小化，更重要的是应急资源调度时间最小化。

资源调度不仅涉及运输规划问题，而且涉及组合优化问题应急活动具有时间约束，因此基于时间约束下的运输规划问题和组合优化更能够体现应急资源调度问题的本质特点。另外，突发事件本身的随机变化特性和发展过程不可完全预见性等特点决定了应急管理的资源调度是一个动态的、多阶段的过程。一次调度救援资源很可能不能完全结束救援工作，这就需要第二次、第三次……直至完全消除灾情。多阶段应急资源调度可能是由于突发事件不断发展变化，需要继续调用应急资源，也可能是由于某些应急资源只能与其他种类的应急资源匹配使用而连续调运。

（4）电网应急资源调度模型。

1）电网备灾储备选点与储备量确定。物资储存基础方案。按历史经验的物资存储即根据对潜在风险点的灾害概率与严重程度进行预测，根据预测需求就近存储的存储方案。用 L 表示自然灾害的引发电力事故的严重程度等级集合，且有 N 种不同的严重程度等级，则 L 记为

$$L = \{l_1, l_2, \cdots, l_N\} \tag{5-4}$$

假设严重程度等级为1的概率为 $p(l)$，则灾害概率风险分布为

$$P = \{p(l_1), \ p(l_2), \ \cdots, \ p(l_N)\} \qquad (5-5)$$

若某区域面临 w 类自然灾害，即 w 种致灾因子。结合相关研究以泊松分布模拟事故发生的概率，由历史统计数据已知 T 年内发生 w 类自然灾害且引发严重程度为 l_n 电力事故的次数，则该区域在未来 T 年内发生由第 w 种致灾因子引发严重程度等级为的电力事故的概率可表示为

$$p^w(l_n) = 1 - e^{-T_n^w} \qquad (5-6)$$

在式（5-6）的基础上，进一步求出该区域在未来 T 年内由第 w 类致灾因子引发电力事故的概率为

$$p^w = 1 - [1 - p^w(l_1)][1 - p^w(l_2)] \cdots [1 - p^w(l_n)] \qquad (5-7)$$

不同的灾害类型对应不同的风险区域，进一步对应不同的子区域划分，假设某区域发生 w 类自然灾害所需要灾害的总面积为 $\overline{S}^w$，对应子区域 i 表示为 $\overline{s}_i^w$，则子区域 i 在 w 类灾害对应的范围期望值为

$$E(s_i^w) = p^w \cdot \overline{s}_i^w \qquad (5-8)$$

该区域的 i 类别子区域灾害范围取各类情况下期望值的最大值，可表示为

$$s_i = \max\{E(s_i^w) \mid w = 1, \ 2, \ \cdots, \ W\} \qquad (5-9)$$

上述基础上可得出以下储备方案制订模型，以物资的总采购成本最小化为目标函数，其表达式为

$$\min C_1 = \sum_{k=1}^K C_k \cdot N_k^1 \qquad (5-10)$$

式中　　C_k——第 k 类应急物资的采购成本；

N_k^1——该方案下第 k 类应急物资数量

$$N_k^1 = \sum_{i=1}^I N_{i,k}^1 \qquad (5-11)$$

式中　　$N_{i,k}^1$——该方案下子区域 i 对第 k 类应急物资的需求量。

模型约束条件包括灾害范围约束条件和信息可信度约束条件，具体如下：

a. 灾害范围约束是灾害范围要覆盖整个故障区域，其表达式为

$$s_i \leqslant \sum_{k=1}^K s_k \cdot N_{i,k}^1 \qquad (5-12)$$

b. 信息可信度约束是灾害设备在子区域 si 内不低于最小灾害可信度，即

$$\alpha_{s_i} \geqslant \alpha_{s_i}^0 \qquad (5\text{-}13)$$

式中 $\quad \alpha_{s_i}^0$——子区域 i 的信息可信度最低要求。

储备点集中存储方案。减少物资采购成本、提高电力应急物资的利用效率，可以在应急物资及时到达目的地的基础上，建立储备点集中存储方案，即在原有的储备点基础上，淘汰部分物资储备点，将一个区域范围内的物资集中存储在一点以满足该区域的物资需求。

假设共有 j 个风险点，根据所提模型可确定其对于各类应急灾害物资的需求量，并表示为 n_{jk}。从 j 个风险点中选择 i 个点作为存储点，储备自身以及周围风险点的需求。

目标函数为

$$\min C_2 = \sum_{k=1}^{K} C_k \cdot N_k^2 \qquad (5\text{-}14)$$

式中 $\quad N_k^2$——该情景下子区域 i 所对第 k 类应急物资的需求量。

约束条件：

a. 运输时间限制

$$\overline{t_{ij}} \cdot x_{ijk} \leqslant t_j \qquad (5\text{-}15)$$

式中 $\quad \overline{t_{ij}}$——供应点 i 到达需求点 j 的平均运输时间；

$\quad t_j$——需求点 j 对电力应急物资到达的时间限制；

$\quad x_{ijk}$——0–1 变量，当 $x_{ij}=1$ 时表示供应点 i 作为需求点 j 的第 k 类物资储备点。

b. 供应量约束。需求点 j 所有的供应点物资储备量只和应满足该点的全部物资需求量

$$\sum_{i=1}^{I} q_{ik} \cdot x_{ijk} \geqslant n_{jk} \qquad (5\text{-}16)$$

c. 后援点约束。当某区域内发生较大范围内的电网灾害时，同一供应点可能不足以满足多个需求点的需求量，则其临近供应点的储备量应能满足这一情景下的需求。按照给定的运输时间限制，可得出与供应点临近的其他供应点的集合为 M，则有约束

$$\sum_{j=1}^{J} n_{jk} \cdot x_{jk} \leqslant q_{ik} + \sum_{m=1}^{M} q_{mk} \qquad (5\text{-}17)$$

式中　　q_{mk}——存储点 m 的 k 类物资储备量。

储备点集中存储与储备量优化方案。储备点集中存储方案在满足信息可靠度的基础上，对物资进行集中存储以减少其采购成本，提高物资利用效率。然而对于使用频次较大、采购费用较低的部分物资采取集中存储的方式很可能导致运输成本的增加大于采购成本的减少，而由于该物资供应不及时所带来的信息损失将更大。

可将应急物资按照其使用频次与采购成本进行分类，结合储备量进行优化，即在储备点集中存储采购成本高、使用频次较小的物资，在各个需求点则按照其自身的需求预测量存储采购成本低、使用频次大的物资

$$c_k \cdot \sum_{i=1}^{I} \sum_{j=1}^{J} d_{ij} \cdot n_{jk} \cdot x_{ijk} \geqslant T \cdot C_k \cdot \frac{(1+r)^n - 1}{r(1+r)} \qquad (5-18)$$

式中　　c_k——第 k 类物资的单位距离平均运输成本；

　　　　d_{ij}——供应点 i 到达需求点 j 的运输距离；

　　　　T——计划年限；

　　　　r——折现率。

电网灾害后应急资源调配模型。由于自然灾害的不确定性，其引发的电网事故严重程度也具备较大的不确定性。事故发生后，可根据实际的待勘测范围计算各个需求点的实际物资需求量。当需求量在预期之内，则由需求点自身与相应的储备点提供应急物资；当风险点自身储备与对应储备点物资储备量不足以满足需求时，需要进行物资的调配。

以灾损严重程度来表征灾害点的重要性，其表达式为

$$c_j = c_j^{eco} \cdot (1 + \lambda_{j,lost}) \qquad (5-19)$$

式中　　c_j^{eco}——需求点 j 单位时间的经济损失；

　　　　$\lambda_{j,lost}$——社会损失折合经济损失的系数

$$\lambda_{j,lost} = \omega_{j.lost}^{life} \cdot \frac{n_j^{population}}{\sum_{j=1}^{Y} n_j^{population}} + \omega_{j.lost}^{special} \cdot \frac{n_j^{special}}{\sum_{j=1}^{Y} n_j^{special}} \qquad (5-20)$$

式中　　$n_j^{population}$——第 j 个需求地的人口数目；

　　　　$n_j^{special}$——第 j 个地区特殊企业或单位数目；

$\omega_{j.lost}^{life}$，$\omega_{j.lost}^{special}$——需求点 j 的生命安全与特殊单位重要性系数。

2）电网灾后应急物资调配模型。构建电网灾害后应急物资调配模型，一方

面应使得各需求点的灾损最小化；另一方面应使得由于信息缺失而带来的损失最小化。此处定义信息损失为信息不可信所带来的经济与社会损失，即信息缺失区域内的缺电损失。对于需求点 j，假设第 k 类物资的实际需求量为，则其信息损失主要由两方面因素构成，即应急物资运输期间的信息损失和不准确的数据对应的损失

$$C_j = C_j^{\text{trans}} + C_j^{\text{accu}} \qquad (5\text{-}21)$$

$$C_j^{\text{trans}} = \sum_{i=1}^{I} t_{ij,k} \cdot c_j \cdot w_{ij,k} \qquad (5\text{-}22)$$

$$C_j^{\text{accu}} = (1 - \alpha_{s_j}^k) \cdot c_j \cdot (t_j^{\max} - t_{ij}) \qquad (5\text{-}23)$$

式中　$t_{ij,k}$——供应点 i 向需求点 j 运输第 k 类物资的运输时间；

$w_{ij,k}$——第 k 类物资对于需求点 j 的重要性占比，按照灾害面积与可信度的乘积表示，计算公式为

$$w_{ij,k} = \frac{n_{ij,k} \cdot \pi r_k^2 \cdot \alpha_k}{\displaystyle\sum_{i=1}^{I}\sum_{k=1}^{K} n_{ij,k} \cdot \pi r_k^2 \cdot \alpha_k} \qquad (5\text{-}24)$$

$$t_j^{\max} = \max\{t_{ij} \cdot x_{ij} \mid i \in I\} \qquad (5\text{-}25)$$

约束条件：

a. 需求量约束

$$n_{j,k} \cdot \eta_j \leqslant \sum_{i=1}^{I} n_{ij,k} \qquad (5\text{-}26)$$

b. 可信度约束

$$1 - \prod_{k=1}^{K}(1 - \alpha_{s_j}^k) > \delta \qquad (5\text{-}27)$$

5.4.2　应急指挥决策平台支撑体系

（1）业务架构。业务架构以应急业务设计成果为输入，汇总归纳形成业务能力视图。通过对业务能力的分析，提取关键功能性和非功能性需求，为应用架构设计提供输入。

业务架构从业务角度对电网应急管理业务进行细化、抽象、归纳、总结，形成整体业务能力视图，为应用架构和数据架构提供关键输入；应用架构基于业务架构，从系统应用功能的角度定义应用功能、应用划分和应用分布，形成

电网应急管理系统应用架构蓝图。首先了解本系统的系统应用场景：日常状态下系统提供应急日常管理、应急培训演练、电力设备预测预警等功能。当突发事件发生时，根据突发事件的接报情况，生成突发事件影响范围，并启动应急响应流程。结合故障上报信息、停电范围分析、历史电气接线图拓扑分析，自动汇总此次突发事件影响的电力设备，生成物资需求单。通过 GIS 地图进行跨领域、跨地域、跨层级的在线标绘与协同会商。在同一张地图上进行协同标绘，共同讨论应急人员、物资、发电车的调配方案并分析事件态势的发展，生成应急处置方案和作战指挥图。生成方案后，通过路径导航优化方案进行资源调度。在调度过程中，结合集群通信智能终端构建作业现场的移动应急指挥中心，对现场巡视情况、位置信息、抢修进度等信息实时反馈并在地图上动态展示，通过移动终端对现场统一指挥调度，如图 5-79 所示。

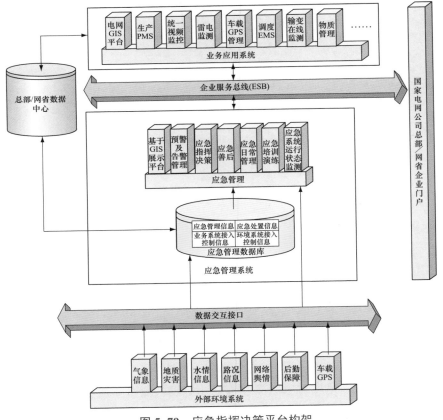

图 5-79　应急指挥决策平台构架

通过以上应急管理的应用场景分析归纳提升为应急管理系统的业务架构,如图 5-80 所示。

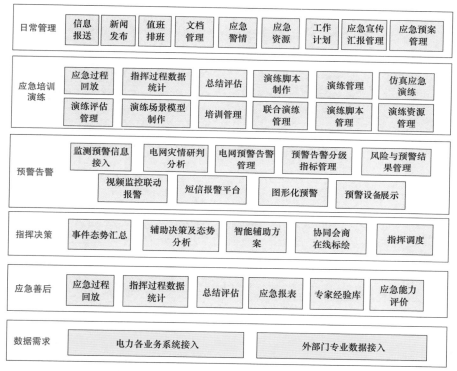

图 5-80 省电力应急管理系统的业务架构

(2)数据架构。应急管理系统的数据可分为三大类,包括应急管理数据、业务系统接入数据和环境系统接入数据。其构成和分类如图 5-81 和图 5-82所示。

1)应急管理数据包括日常管理数据、资源数据、应急预案数据、预警告警数据、培训演练数据、GIS 数据。

2)业务系统接入数据包括应急系统接入数据、PMS 系统接入数据、调度支持系统接入数据、物资管理系统接入数据、厂站视频监控平台接入数据、雷电监测系统接入数据、输变电状态在线监测接入数据、营销系统接入数据、OMS系统接入数据。

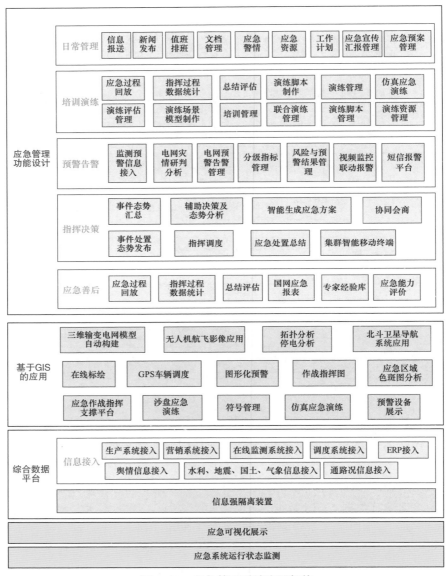

图 5-81　应急管理系统应用架构

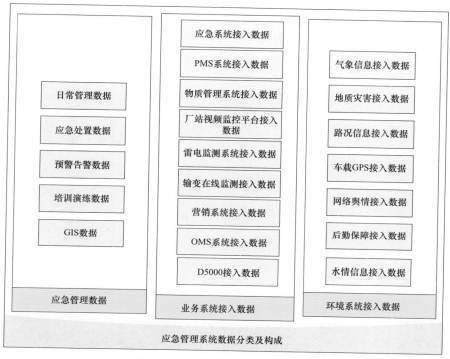

图 5-82 应急管理系统数据架构

3）环境系统数据包括气象信息接入数据、地质灾害信息接入数据、路况信息接入数据、水情信息接入数据、车载 GPS 管理接入数据、网络舆情接入数据、后勤保障接入数据等。

数据的物理部署。应急管理系统采用一级部署、三级应用的数据部署模式。一级部署指在省公司部署应急管理系统平台，三级应用则包括网省、地市、县三级应用，以数据中心和业务系统以及外部环境系统为基础，实现横向贯通，纵向集成。

技术架构。技术架构遵循桌面应用及 Web 应用的技术体系，采用组件化、动态化、服务化的设计思想，按照数据层、业务逻辑层和表现层进行多层结构体系设计，并实现与各类业务应用的横向集成，集成各类业务应用数据为应急管理服务，支撑应急指挥，辅助决策。

总体技术架构。应急管理系统的总体技术架构分为数据层、数据访问层、应用逻辑层、应用服务层、界面展现层。数据层是应急管理的各类数据的物理存储；数据访问层是对系统中的各类数据提供统一的访问接口；应用逻辑层是在数据访问层的基础之上建立的各类功能组件，实现图形管理的各类功能；应用服务层将应用逻辑组件封装为服务供各类应用调用；表现层是展现给用户的应用系统。总体技术架构如图 5-83 所示。

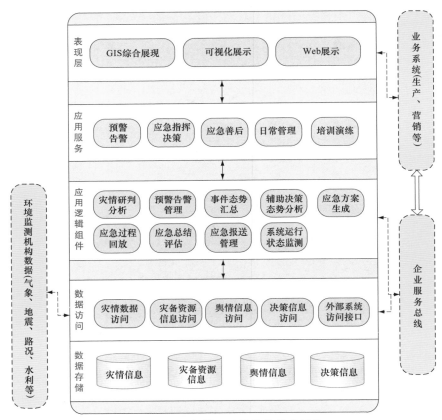

图 5-83　应急管理系统总体技术架构

1）数据层。应急管理系统的数据层以关系型数据库为基础，对灾情信息、灾备资源信息、决策信息、舆情信息等数据通过数据层进行统一存储管理，为上层的应用服务提供信息源。

2）数据访问层。数据访问层提供访问应急数据的接口，应用逻辑组件通过统一的数据访问接口维护存储在数据库中的各类应急数据；数据访问层同时提供数据交换接口，用于与其他业务系统进行数据交换。

3）应用逻辑层。应急管理系统的应用逻辑层作为数据层和表现层之间连接的桥梁，在系统中起着至关重要的作用。

4）应用服务层。应用服务层实现各类应急管理服务，主要包含预警及告警管理、应急指挥决策、应急善后、应急日常管理、应急培训演练。服务通过封装逻辑组件实现，也可以调用其他业务系统的服务来实现部分功能。这些服务可以被界面层各类应用调用。

5）表现层。应急管理系统的表现层包括 GIS 平台综合展现、可视化展示、web 展示等，这些应用调用逻辑层和服务层的逻辑组件或服务实现，也可以集成其他业务系统的页面。

a. GIS 综合展现主要对灾情分析结果与现场情况进行实时展现。

b. 可视化展示将应急管理系统各功能模块中的统计数据通过图表等形式直观地在大屏幕上进行展示（支持超高分辨率图像拼接显示）。

c. Web 展示主要用于在各显示终端的上进行应急管理系统的相关信息展示。

当灾害造成公司系统电力设备损坏时，根据基层单位上报的受损设备的电压等级、类型、数量、范围、地理环境等情况，参考省公司运维检修部预制的抢修策略表及公司系统抢修人员、物资配置情况，同时考虑天气、交通等限制因素，自动生成应急抢修方案，并根据抢修工期等要求进行自动调整。抢修方案主要包括以下内容：

a）设备受损情况；

b）重要客户情况及保电方案；

c）应急抢修策略和方案；

d）抢修工期；

e）次生衍生事件防范；

f）抢修人员及物资需求；

g）交通路线图；

h）气象信息；

i）参与增援的抢修人员类型、数量和所属地域；

j）统一调配的车辆、工器具、物资的种类、数量及位置分布。

抢修方案体现了抢修过程的动态性，在任何时候均能展现事件处置的最新情况，是应急指挥决策的重要工具之一。抢修方案可根据事态变化进行更新，并在电力 GIS 图上实时展示。智能抢修方案工作流程如图 5-84 所示。

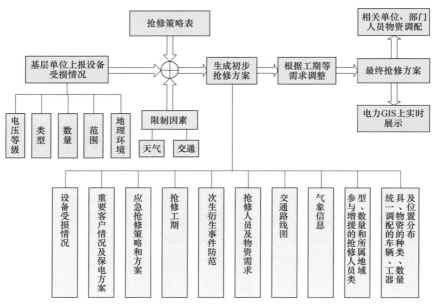

图 5-84　智能抢修方案工作流程

5.5　抢险救援现场支撑装备

（1）高原四驱炊事车（见图 5-85）。车底盘采用四轮驱动底盘，确保在复杂恶劣地形下车辆的通过性。该车每小时可加工 100 人份的主、副食。适用于海拔 5000m 以下、温度范围为-30～60℃的环境中正常使用。本炊事车机动性高，越野性能好，适用野外后勤保障，特别是高原地区应急救援后勤保障。

图 5-85　高原四驱炊事车

（2）高原四驱救护车（见图 5-86）。救护车配备多种进口医疗设备、仪器，能在车内进行内、外科手术；具有供养系统，能有效保证急救过程中的氧电供应，为应急救援提供野外医疗保障。

图 5-86　高原四驱救护车

（3）高原四驱水质处理及淋浴车（见图 5-87）。水质处理及淋浴车具备净水功能和淋浴功能，自动化程度高，智能化控制，一次加满水可满足 50 人次洗澡，且具有直饮水制取功能，水质符合国家生活饮用水标准，为应急救援提供野外饮水保障。

图 5-87　高原四驱水质处理及淋浴车

（4）四驱物资运输车（见图 5-88）。物资运输车采用水冷增压中冷柴油机，功率可达 175 马力，越野载重 4t，具有良好的通过性，能适应复杂恶劣的环境，确保应急救援物资运输。

（5）卫星动中通通信指挥车（见图 5-89）。通信指挥车同时搭载并集成了卫星通信系统、图像采集处理系统、无线图传系统、整车供配电系统、警示系统、集中控制系统，不受移动限制，在任何时候能与应急指挥中心和灾害现场应急通信终端进行图像、语音、数据双向传输，为应急救援提供通信保障。

图 5-88　四驱物资运输车

图 5-89　卫星动中通通信指挥车

（6）载人平船（见图 5-90）。载人平船配置视频监控系统、音频系统和移动通信系统终端设备。在水域应急救援时，作为现场应急指挥部，收集现场灾情信息，制订应急救援工作方案，部署开展应急处置相关工作，同时与应急指挥中心进行图像、语音、数据双向传输。

图 5-90　载人平船

（7）应急发电车（见图 5-91）。应急发电车使用密封式箱体，装配电瓶组，劳斯莱斯柴油发电机组，配置辅助油箱，电缆卷盘，照明灯等设备。该车额定容量为 630kVA，能为应急救灾中提供可靠应急保障电源。

图 5-91　应急发电车

（8）无人飞艇（见图 5-92）。无人飞艇主要用于在发生重大自然灾害通信中断的情况下，搭载相关通信中继设备来保障前方人员同后方指挥中心通信的畅通。飞行高度均在 1km 以上，中继覆盖范围可达到方圆 200km，能在灾害现场解决山区指挥通信问题。

图 5-92　无人飞艇

（9）无人直升机（见图 5-93）。在发生重大灾害人员不能通过地面及时到达，且天气状况相对恶劣时，无人直升机可搭载摄像系统在灾区进行空中侦查、探测，能保障前方人员同后方指挥中心的通信畅通，可以近距离的观测铁塔及相关金具、附件，飞行数据及视频信息可实时地传回到地面控制站，实现灾情情况的及时侦查。

（10）无人固定翼飞机（见图 5-94）。无人驾驶固定翼最长巡航时间可达 10h 以上，最大飞行距离可到 1000km 以上，通过搭载视高清数码相机，拍摄灾害现场断线、倒塔、线路结冰等问题，通过高分辨率照片实现对灾情情况的详细侦查。

图 5-93　无人直升机

图 5-94　无人固定翼飞机

（11）随车起重机（见图 5-95）。随车起重机是起重臂和底盘组合在一起的一种运输装置，广泛应用于各类灾害处置现场的应急物资吊装、运输及杆塔组立。具有车速高，爬坡能力强的特点，机动灵活、操作方便。

图 5-95　随车起重机

（12）多功能皮卡充电方仓（见图5-96）。根据应急救援实战经验，设计了应急维修方仓和应急充电方仓。应急维修方仓集成了各种维修维护工具，可为各类应急设备提供快捷、及时的维修服务。应急充电方仓作为便携充电站，为灾民安置区、指挥中心和应急救援队员的各类设备提供充电需求。

图5-96　多功能皮卡充电方仓

（13）移动式卫星应急通信车（见图5-97）。应急通信车装载卫星通信系统、高清视频系统、单兵图传系统、无线对讲系统，可与国家电网公司及省电力公司实现高质量的卫星通信，并提供音频、视频、数据的远程连接，为应急现场提供快速、及时、可靠的应急通信保障。

图5-97　移动式卫星应急通信车

（14）水陆两栖全地形车（见图5-98）。水陆两栖全地形车采用8×8全轮驱动，具有35°爬坡、原地180°转向、60km/h陆地高速行驶及±40℃的超常规温度环境下正常连续工作的特点。能在水上、山丘、沼泽、雪地、森林等各种恶劣艰险的地形中自由行驶，具备爬高山、涉溪流、过雪地的强大性能。

图 5-98　水陆两栖全地形车

（15）摩托艇（见图 5-99）。摩托艇可载 1～3 人，采用 ROXT4 缸 4 冲程涡轮增压引擎，260 匹马力，最快速度高达 130km/h，续航能力达到 4h，具有安全、便捷、驾驶简单等性能，适用于应急救援在水域的人员和设备运输。

图 5-99　摩托艇

（16）气垫船（见图 5-100）。气垫船可载 2～5 人，具备 70 匹马力引擎，最快速度高达 100km/h，续航能力达到 2h。气垫船既可以高速平稳地航行在水面上，也可以畅行无阻地行驶在沼泽、冰面、雪地、沙滩、草地和陆地上，具

图 5-100　气垫船

有水陆两栖、安全、便捷、驾驶简单等性能，适用于应急救援在水域的人员和设备运输。

（17）冲锋舟（见图 5-101）。冲锋舟分为玻璃钢式冲锋舟和橡皮艇式冲锋舟，均采用外挂发动机作为行船动力。冲锋舟在水上具有浮力大、稳定性好、机动性强、使用寿命长、抗冲击性好等特点，在应急抢险中能充分发挥水上救援、水上运输等功能。

图 5-101　冲锋舟

（18）全地型四轮摩托车（见图 5-102）。全地型四轮越野摩托车具有越野性能优越，适用于森林、山区、草原、村镇等路况较差的地区使用。同时，基地研发了四轮越野摩托车拖挂车，能在复杂地形下实现电力金具、发电机、电杆等小型电力设备的运输。

图 5-102　全地型四轮摩托车

（19）自动立竿机（见图 5-103）。自动立竿机为美国制造的尖端 MINI 型多功能一体抢险设备，具有快速运维、快速施工、快速抢险等特点，能适应任何地形环境和极端天气，集钻洞、立杆、运输、拔杆、带电作业于一体。实用于组立电力配网 12～18m 长、重 2.49t 以下的水泥电杆。可在地势崎岖、狭窄、工程车无法进入的地方进行作业，快速抢修电力设施。

图 5-103　自动立竿机

（20）全方位移动照明灯塔（见图 5-104）。全方位移动照明灯塔由灯头、杆塔、车体和发电机组组成的整体结构，适用于各种大型施工作业、维护抢修、事故处理和抢修救灾等工作现场对大面积、高亮度的照明需要。4 个 1000W 的高效节能灯头安装在杆塔上，杆塔可手动或无线遥控方式控制杆塔的升降和立倒，最大升起高度为 10m，灯头可实现 180°，左右 360°转动调节，照射面积大。用自带的发电机供电，在注满燃油的情况下，可实现连续供电照明 9h。

图 5-104　全方位移动照明灯塔

（21）户外个人保护装备（见图 5-105）。户外保护装备为山地应急救援专用装备，主要由主锁、钢锁等锁扣类，动力绳、静力绳、扁带等绳索类，上升器、8 字环等上升下降类，全身安全带、半身安全带等保护器材类装备组成。

山地应急救援中主要依靠户外保护装备完成攀岩上升、绝壁下降，溜索横渡等任务。

图 5–105　户外个人保护装备

参 考 文 献

[1] Eric Fujisaki, 2009. Seismic Design Standards for Electric Substation Equipment, TCLEE 2009: Lifeline Earthquake Engineering in a Multihazard Environment, 296-307.

[2] Ji Ye, Zhu Zhubing, Lu Zhicheng，2010. Research on dynamic amplification factor of 1000kV transformation device supporting structures. 2010 International Conference on Power System Technology, 2129-2133.

[3] Lu Zhicheng, Dai Zebing, Zhu Zhubing, 2010. Parameter study of load combinations in seismic design for UHV transformation devices. 2010 International Conference on Power System Technology, 2144-2149.

[4] Takhirov S.M., Gilani A.S.J., 2009. Earthquake Performance of High Voltage Electric Components and New Standards for Seismic Qualification, TCLEE 2009: Lifeline Earthquake Engineering in a Multihazard Environment, 274-284.

索　引